女子高生乱子によるベイズ統計学入門講座

とある弁当屋の統計技師 データサイエンティスト 3

石田基広・石田和枝 著

共立出版

|JCOPY| <出版者著作権管理機構委託出版物>
本書の無断複製は著作権法上での例外を除き禁じられています．複製される場合は，そのつど事前に，出版者著作権管理機構（ＴＥＬ：03-5244-5088，ＦＡＸ：03-5244-5089，e-mail：info@jcopy.or.jp）の許諾を得てください．

目　　次

1	熊田とExcel方眼紙	1
2	嫌がらせメールとベイズ	17
3	黒髪乱子さんと逆確率	26
4	秘密警察とベイズ更新	50
5	犯人と事前確率	58
6	弁当屋の新メニュー	68
7	やる気の条件付き確率	74
8	論文と研究とケーキ	86
9	コイン投げと確率分布	96
10	積分ちょろい！？	110
11	事前と事後	120
12	文章の癖　―助詞と読点―	143
13	階層と予測	149

14 後日談	170
あとがき	177
参考文献	179
索　引	181

1 熊田とExcel方眼紙

　春日通りに沿って帰宅途中のサラリーマンやOLらが茗荷谷駅に向かって歩いていく。駅へと渡る横断歩道の前で信号が赤に変わり、歩行者たちの流れが止まった。ここしばらく梅雨らしいジメジメした日が続いたが、今日は午後から快晴となった。退勤時間帯のいま、空は茜色に染まり、飛行機雲が一筋走っている。
「今日は一日雨だって予報だったのに」
「そうそう、午後の降水確率50%だったよね。予報外れすぎ」
　後ろにいるOL2人の会話がふと耳に入った。
　ええっと、降水確率って、なんだっけ。過去の同じような気象情報のときに雨が降った回数だっけ。降水確率50%ってことは、過去同じような気象条件が100回あったとして、そのうち50回で雨が降ったってことか。確かに、この辺り一帯は午後になって雨は止んだけど、都内の他の観測地点では午後に1ミリ以上の雨があっても不思議じゃないよな。つまり天気予報は外れとはいえないわけだ。
　信号が青に変わるのを待ちながら、そんなことを二項文太はぼんやりと考えていた。ふっと視線を感じたので振り返ると、後ろのOL2人がそろって怪訝そうな顔つきをしてこちらを見ている。どうやらそのまま口に出していたらしい。二項は曖昧な会釈を見知らぬOL2人に送ったが、OLたちは二項を避けるようにして足早に青信号を渡って行った。

1　熊田と Excel 方眼紙

　今日はどうもついていない。会社でも朝から仕事でヘマばかりを繰り返した。午前中は先輩社員から Excel ファイルを渡されて「整形しておけ」といわれた。急ぎの用事が他になかったので、そのファイルの整形に昼過ぎまで時間を割いて作業を終え、ファイルを先輩に返した。だが、すぐに「これのどこが整形されてんだ」と怒られてしまったのだ。

　気が付くと、立ち止まったままの二項は後ろの歩行者たちの邪魔になっていた。あわてて駅へと足を進める。地下鉄入口へと下るエレベータに乗ろうとしたとき、背後から声をかけられた。

「文太！！」

　え？と振り返ると大きな図体にギョロ目の男が仁王立ちしていた。大学同期の熊田大造だ。学部学科が違えば、所属サークルも違った。本来なら接点なんかまるでない奴だったが、ひょんなことから知り合って親しくなり、どちらからとなく連絡を取り合う関係が続いて今日に至っている。

「よっ、熊田！　どうした、こんなところで」

「どうしたもこうしたもねぇよ。今日、茗荷谷で落ち合う約束だったろが」

　あ、そうだった。てか、この待ち合わせのために朝イチで上司から 19 時前退社の許可をもらってたんじゃないか。ファイル整形の一件ですっかり気落ちして、忘れてしまっていた。

「……忘れてた」

「ちぇっ、なんだよ。時間はあるんだろうな」

「すまん。すまん。時間は問題ないよ。今日は早引けできるよう会社には頼んであったんだよ。ただ、そのことを忘れていた」

「なんだよ、それ。まあ、いいや。じゃあ、飯に行こう」

　熊田はそういうと、ついて来いといわんばかりに改札口に向かった。駅を出ると、肩を並べて春日通りを歩いていく。肩を並べると

いっても、中肉中背の文太と並ぶと熊田の肩は首一つ高いところにあった。

「お前、この辺り、よく来るのかよ」

「いや、初めてだけどSiriに聞いたら、ここを勧めてくれた」

熊田は握りしめたiPhoneを突き出して見せると、さっさと雑居ビルの中に入っていき、エレベータで5階まで上がり居酒屋風の店ののれんをくぐった。この店の名前は、ビルの外の看板で見た記憶があるが中に入るのは二項も初めてだ。熊田は店員に奥の4人掛けテーブル席を指定すると、さっさと店の一番奥まで進み、椅子を引いて自分だけ先に腰掛けた。

「ビールでいいだろ。今日は全部俺がおごるぜ」

二項の返事も待たずに店員を呼ぶと、生中に加えて、焼き鳥やら串カツ、刺身などをテキパキと注文していく。

「随分と気前がいいな。でも、お前まだ学生だし、僕の分は自分で払うよ」

「いや、今日は相談にのってもらうためにお前を呼んだんだから、俺がおごる。まあ、学振の金も振り込まれたばかりで、少しは余裕があるからな」

「なんだ、ガクシンって？」

「学振ってのは、正確には日本学術振興会特別研究員っていう。大学院の博士課程に在学しているか博士を取得してまだ就職が決まっていない若手研究者に毎月の給与と研究費を支給してくれる制度なんだ」

「すごいな。給料っていくら貰えるんだよ」

「月20万ぐらいだ。これと別に年間の研究費として150万が支給されるってわけだ」

「勉強しながらお金がもらえるんだ」

二項が羨しそうな表情をしたのに対して、熊田は苦笑いをした。

「そうはいうけどな、これを受給するとアルバイトが禁止されるから、ここからすべての生活費を捻出せにゃならんのだ。アパート代、食費、交通費、本代、それから所得税やら国民健康保健料とか全部。20万じゃ、ぶっちゃけ足りない。俺は親から仕送りしてもらっているから、まだなんとかなるがな」

「でも大学の助教とか講師とかに就職するまでの辛抱だよ」

「いやいや、世の中そんなに甘くない。学振が支給されるのは3年間だけだしな。その後、うまうまと大学の研究職に就職するのはとうてい無理な話だからな」

「じゃ、どうするんだよ」

「どうって、学振が切れたら、あとは非常勤の講師で食いつなぐしかねぇよ。そして、どこかの大学でポストが空いて、その公募に応募して、奇跡でも起こって採用されるのを願うだけだ」

「奇跡って、そんなに難しいのか」

「いま大学の予算ってやつは減らされていて、当然ながら教員のポストも削られているわけだ。その一方で、文部科学省が大学院を増設して、博士を増やすなんて政策をしちまったもんで、職にあぶれている博士が大量にいるんだよ」

「そうなんだ。知らなかった」

「まあ、その話は後回しにして、とりあえず乾杯しよう」

2人はジョッキを豪快にぶつけ合ってカッチーンと鳴り響かせると、琥珀色の液体を揃って喉に流し込んだ。

「はーっ、うまいっ!」

ホッと一息ついてグラスをテーブルの上に置くと、二項は改めて熊田を見た。あれっ、こいつ、しばらく見ない間にずいぶん垢抜けしたんじゃないか。前は寝ぐせのついたボサボサ頭にヨレヨレのTシャツとジーンズが定番の出で立ちだったが、短くなった頭髪はこざっぱりして品がよく、いまはやりのジャケットをそれなりに

着こなしている。

「ほんと、うまいわー！」

「今日は暑かったし」

「うん？　暑いとビールが売れるって話か。相関ってやつだろ」

「相関を知っているのか」

「それぐらいはな……。いや、正直いうとわかっていないかな。要するに気温が高いと冷たい飲み物が売れるっていうような因果関係だろ？」

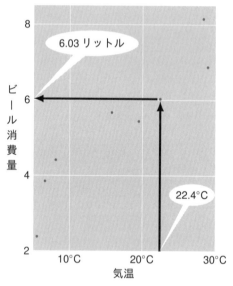

気温が 22.4 度だとビールの消費量は 6.03 リットル！！

「相関は必ずしも因果関係じゃないよ」

「だって、暑いから喉が渇く、だからビールをぐいっと飲みたいということだろ？」

「う〜ん、そうだなぁ。ちょっと観点を変えると、例えばビールの売上が高い日は、海やプールで溺死してしまう人の数も多くな

る。だからビールの売上と溺死者の数は相関しているって話はどう思う？」

「なるほど。酔って泳ぐ人間が増えるってことか」

「それ、もっともらしく聞こえるし、実際、お酒を飲んでから水に飛び込んだために溺れたっていう人も中にはいるだろうけど。でも、真相は違うと思う」

「アルコールが原因ではないのか」

「もっと単純だよ。ビールが売れる日って暑い日だろ？　特に夏」

「あ、暑い日はビールも売れるけど、同時に海とかプールに行って泳ぐ人も増えるから、溺死する人も多くなるってだけの話か！？」

「そうだよ。ビールの売上と溺死者数の関係の背後には、別の要因、つまり『気温』があるんだ。だけど気温の存在に思い至らないと、いかにもビールと溺死者に相関があるかのように思ってしまう。こういうのを擬似相関っていうんだよ。蛇足だけど、ビールの売上に効いているのは実際には気温よりは湿気の方らしいけど」

「へぇ〜。さすがデータコンサルタント会社勤務。相談相手に選んでよかったわ」

熊田が顔をほころばせて、ジョッキを軽く前にかかげた。

「相談ってデータを分析する仕事か？　なら会社を通してくれよ」

「いやいや、そうじゃない。てっとり早くいうと、俺にデータ分析を教えてほしいんだ」

「なんで、お前の専門って方言とかなんかじゃなかったっけ？　関係なさそうだけど」

「いや、それ誤解だからな。俺の研究室は社会言語学という分野で調査なんかもやってんだわ。だからアンケートを取って集計して、傾向を見るなんて作業が必要なんだ」

「でも、お前、学部生の頃はそんなこと少しもいってなかった気

がするけどなぁ」

「実はそのとおりで、最近まで調査だの分析だのについてあんまり深く考えたことはなかったんだ。ただ、うちの教授の指示どおりに作業したり、その真似をしたりしてきたわけだ。でも、さすがにそれじゃ、まずいって思うようになった今日この頃なわけよ」

「というか、なんでいままで考えてこなかったんだよ」

「いや、ここだけの話、俺の研究室の教授ってデータの集計方法とか、分析手法とか全然わかっていないんだな」

「はぁ？　調査をする研究室なんだろ？　意味がわからないけど」

「うちの教授ってもう60歳を過ぎていて、じきに定年なんだけどさ、この世代の文系研究者の中には、調査とかデータ分析とかを体系的に学んだことのない人たちが少なくないんだな。だから調査もデータの集計や分析も、それぞれが自分の経験とか、自分が指導を受けた先生の方法をそのまま引き継いでやってきている。早い話がまったくの我流だ」

「我流って？」

「例えば、世論調査をする場合って、どれくらいの人数を調べたらいいかを考えないといけないんだろ？」

「それはそうだけど。もっともソフトウェアに指定すれば、必要な調査数とかはすぐわかるけど」

「国民が政府を支持するかどうかってのを知りたかったら、どれくらい調べればいいんだ？」

「どれくらい調査するかってのは、誤差をどれくらい許容するかによるんだよ。例えば、アンケートを集計してみたら60％が内閣を支持していると答えたとするよ。でも、この数字は国民全員を調査した結果ではないから、本当に正しい数値かどうかわらない」

「それは、そうだな」

「誤差があるんだよ。で、世論調査だと誤差を前後3％と見込む

んじゃないかな。つまり、アンケートで 60% が『支持する』と答えているのであれば、国民の本当の支持率は 57% から 63% の間ぐらいだろうと推測するんだよ」

「なんで 57% から 63% の間だってわかるんだ？」

「逆だよ。誤差が前後 3% になるように調査数を決めるんだよ。まあ 1000 人ぐらいじゃないかな？」

「え？ 日本国民の支持率だぞ。たった 1000 人でいいのか？」

「正確には回答をどれくらい収集できるかにもよるけど、おおざっぱに考えると 3% 前後の誤差を許容するのであれば 1000 人でいいと思う。って、実際に 1000 人もの回答を集めるのはすごい大変だよ」

「ふうん。そんなことまでわかるんか」

「母集団と誤差で調査すべき人数の目安は決まるんだよ」

「恥ずかしながら、俺も最近まで知らなかったけど母集団って該当者全員ってことだろ？ 例えば日本国民全員とか。だけど、社会調査では全員を調べるのは不可能だから、普通はその中の一部だけを対象に調査するわけだろ。これを標本というんだな。ところが、うちの研究室の場合、調査人数なんていつだっていい加減なんだ。前回 50 人だったから今回は 80 人にしておこうとかで、もうなにも考えていない」

「小学生の昆虫採集みたいだ」

「なんだ？ 小学生の昆虫採集って」

「昆虫採集することそのものが目的だってことだよ。どんな虫をどこで取ろうとかあらかじめなにも考えてないってことだよ。まっ、小学生でも夏休みの自由課題かなんかでちゃんと目的意識をもって採集に出かける子もいるだろうけど。そうじゃなければ、まあ、ふつう子供って虫取りに行こうって思い立ったらそのまま外に駆け出していって、カブトムシとかクワガタムシとかカミキリムシ

とか、かっこいい昆虫ばっかをえり好みして虫カゴに突っ込むじゃないか。あれだよ。で、帰宅してから数日程度は虫カゴの中を興味津々で眺め回しているけれど、そのうちすぐに忘れてしまうのが小学生の昆虫採集だよ。話を聞いていたら、熊田たちの標本採集もまるでそんな感じじゃないか。で、お前たちがやってる調査の母集団はなんだよ？」

「いやぁ、うちの教授、母集団とか知らないからな、ほんと、まじで。実はつい最近、うちの研究室で調査した結果を学会で発表したんだ。そしたら、聴衆から『その調査の母集団として想定されているのはなにか』って質問されてね。ところが、こんな質問、俺の研究室では想定外だったんで、誰もまともに答えられなかったんだ」

「お前たちの学会でも、その質問者は母集団についてわかっていたんだよね？　つまり母集団とかわかっている人たちもいるってことだろ？」

「いや、さすがに俺らの世代になると、調査とかデータ分析をするには専門的な知識を体系的に勉強して身に付けにゃならんってことに気が付き始めてんだな、これが」

「というか、お前んところの教授、よくもまあそんなんでやってこれたよな。まったくもって魔訶不思議だよ」

「ともかく、上の世代のように我流でやみくもにやっていたら、他の分野から相手にされないってのは俺にもわかってきたってわけよ」

「で、データ分析を学びたい、と。なんか、お前らしくもなく殊勝だね」

「いや、まあ、ぶっちゃけ、言語学の世界にいるかぎりは、当分、うちの教授の真似しててもなんとかなりそうではあるんだけれどもな」

「なんじゃ、そりゃ？」

「実はさ、最近、俺、彼女ができたんだわ。その彼女も院生で心理学やってんだけど、あっちはさ、普通に統計を使ってんだな。で、彼女と一緒にいると、ときどき、統計の話が出てくるんだけど、俺にはちんぷんかんぷんなわけだ」

「はあ、そういうことか……。まあ、変だなとは思ったよ」

「いやいや、俺の分野でも若手はデータ分析をしっかり勉強し始めているってのは事実だ。まあ、この機会に俺も頑張ろうと思ってだな、こうしてデータ分析においては大先輩たる二項先生から話を聞こうと思い立ったわけだ。で、どうすればいい？」

「どうすればいいかって尋ねられても……。だいたい僕だって、いまの会社に入ってから統計とかデータ分析とか勉強し始めたんだよ。まだわからないことだらけで、今朝も先輩から任されたデータ整形でヘマして怒られた」

「データ整形？ なんだ、そりゃ」

「えーと、そうだな」

二項はそういうと鞄からパソコンを出して、テーブルの上に置いた。

「このエクセルファイルのワークシートを使えるようにしろ、っていわれたんだよ」

「おお、すげぇ立派なデータじゃん。でも、これのどこがおかしいんだ？」

「セル結合があるだろ？」

「セル結合？ このファイルで『2017年社員一覧』って入力されているところのことか？」

「そうだよ。ここってA1からH1まで、本来は8つあるセルを1つに統合しちゃっているだろ？」

1　熊田とExcel方眼紙　13

	A	B	C	D	E	F	G	H	I	J
1	２０１７年社員一覧									
2							4月5日更新			
3							総務部作成			
4										
5	社員名	社員ID	年齢	性別	住所	所属部署	役名	会社認定資格		
6	相沢直樹	1002094	33	男	渋谷区	総務	総務係長	企業情報管理士		
7	青木裕子	1003871	28	女	新宿区	経理	経理主任	MOS・EXCEL	ITパスポート試験	
8	加藤光一	2002474	45	男	三鷹市	総務	総務係長	日商簿記検定２級		
9	加山洋次	1004173	41	男	清瀬市	施設	施設係長	電気主任技術者	危険物取扱者 甲種	衛生管理者

ある会社の社員一覧ワークシート

「俺もExcelでよくやるけど、いかんのか？」

「このまま読み込もうとすると、データ分析ソフトでエラーが起こる可能性があるんだよ」

「え？　そうなの？」

「例えば、このファイルだとデータの中身を説明するタイトルを入力するためにセルを結合しているわけだよ」

「別に珍しくはないと思うが？」

「ワークシートにタイトルのようなメタ情報を加えるのは問題ないよ」

「『メタ情報』とな……」

「データそのものではなく、データをどうやって取得したとか、どういうデータなのかの説明のことを『メタ情報』っていったんだよ。ワークシートの冒頭の行にメタ情報があるとわかれば、その行を読み飛ばせばいいだけだから。ただ、セル結合する必要なんかないんだよ」

「そういうもんなのか」

「それから、このワークシートでH列から右は資格の欄らしいんだけど、人によって列数が違うんだよな」

14　1　熊田と Excel 方眼紙

役名	会社認定資格			
総務係長	企業情報管理士			
経理主任	MOS・EXCEL	ITパスポート試験		
総務係長	日商簿記検定2級			
施設係長	電気主任技術者（電気	危険物取扱者 甲種		衛生管理者

複数の資格を記録した列

「人によって持っている資格の数が違うってことだろ」

「こういうのは、むしろ1つのセルの中にまとめてくれた方がありがたい。間にコロンとか、あるいはタブ記号を挟むとかして。あるいは、この会社で認定される資格が数個程度なら、それぞれを個別に列としておいて、該当する場合は1、そうでなければ0とか入力してくれるのが、データを処理するという観点からは楽だよ」

	A	B	C	D	E	F	G	H
1	2017年社員一覧				4月5日更新			総務部作成
2								
3	社員名	社員ID	年齢	性別	住所	所属部署	役名	会社認定資格
4	相沢直樹	1002094	33	男	渋谷区	総務	総務係長	企業情報管理士
5	青木裕子	1003871	28	女	新宿区	経理	経理主任	MOS・EXCEL: ITパスポート試験
6	加藤光一	2002474	45	男	三鷹市	総務	総務係長	日商簿記検定2級
7	加山洋次	1004173	41	男	清瀬市	施設	施設係長	電気主任技術者:危険物取扱者 甲種:衛生管理者

社員の資格が1列にまとめて書き込まれている

	A	B	C	D	E	F	G	H	I	J	K	L	M	N
1	2017年社員一覧			4月5日更新			総務部作成							
2														
3	社員名	社員ID	年齢	性別	住所	所属部署	役名	企業情報管理士	MOS	ITパスポート	日商簿記	電気主任	危険物取扱	衛生管理者
4	相沢直樹	1002094	33	男	渋谷区	総務	総務係長	1	0	0	0	0	0	0
5	青木裕子	1003871	28	女	新宿区	経理	経理主任	0	1	1	0	0	0	0
6	加藤光一	2002474	45	男	三鷹市	総務	総務係長	0	0	0	1	0	0	0
7	加山洋次	1004173	41	男	清瀬市	施設	施設係長	0	0	0	0	1	1	1

社員の資格を複数の列に分けた

「でも、そんなことすると、横が延び延びになった表になっちまうぞ。見にくいだろう」

「僕らは目視で作業するわけじゃなくて、データ分析のソフトウ

ェアを使って処理するだけだから、ワークシートの見た目なんかはどうでもいいんだよ。書体とか文字色とかのデザイン的な装飾も関係ないし。そういうのに凝りたければパワーポイントとかに貼り付けてからやってくれればいいんだよ」

「そうなのかぁ。俺も Excel でファイルを作成すると、無駄にいろいろ飾りたくなるタイプだなぁ」

「住所の入力なんかを方眼紙にしてないだろうな」

「方眼紙？」

「こういうやつだよ」

	A	B	C	D	E	F	G
1	氏			名			
2	二	項	文	太			
3	よ	み	が	な			
4	に	こ	う	ぶ	ん	た	
5	1	マ	ス	に	1	字	で

いわゆる Excel 方眼紙

「え？ いかんの？」

「データとしては操作しにくい。そもそも入力が面倒じゃないか？」

「いや、そういうもんだと思っていた」

「後で印刷して保存するというような目的があるのかもしれないけど。でも、いまどき印刷を想定した書類なんか作ってほしくないよ。データとして保存するのであれば、なんの装飾も工夫もない長方形のワークシートにしてくれれば十分なんだよ」

「そうなのかぁ。覚えとくわ。でも、さすがだな。やっぱり二項に声かけてよかったわ。じゃあ、頼むわ、本当に」

「いや、でも……」

「すいません。ジョッキお代わり 2 つ！！」

熊田は二項の迷惑そうな表情には一切構わず、テーブルのメニュ

ーを開くと、次の注文をなにになにしようかあれこれと選びだすのに没頭してしまった。

2　嫌がらせメールとベイズ

「どうだ。久しぶりの母校は」

熊田と居酒屋で旧交を温めた、というか無理やり付き合わされた、その週末に二項は母校を訪れていた。友人想いといえばそうかもしれないが、二項からすれば面倒そうな用件はさっさと片付けてしまいたかったのだ。母校の帝都大学は東京の郊外に位置していたが、最寄りの駅が特別快速の停車駅になっているため、接続がよければ都心から30分ほどで来られる。とはいえ、やって来たところでさして知人がいるわけでもなく、また周辺には学生用のアパートがあるだけの田舎だ、わざわざ足を運ぶ気にもならない。実際、二項がこのキャンパスにやって来たのは、卒業以来初めてのことであった。

「別にどうってことはないよ。というか、なんで先生である僕が、生徒であるお前のところに休日返上でやって来ないといけないんだよ」

「いや、悪い。でも、彼女から今日、どうしても二項に会って相談したいって頼まれちまってな」

「てか、お前にデータ分析を教えるという話が、なんでお前の彼女とまで会うことになっているんだよ？」

「いや、友人にデータ分析に詳しいのがいて、ちょくちょく会うんだといったら、こういうことになっちまった。おい、そっちは経済学部校舎だぞ。お前もう学生じゃねぇだろ！　文学部はこっち

だ」

 熊田は二項に手招きしながら正門から延びたメインストリートを右に折れて進んでいく。

「この校舎は初めてか？」

「いや、どうだろう。覚えてないなぁ」

 全体がコンクリート打ち抜きのままの 3 階立ての建物に入ると広いエントランスになっていて、そこには 6 人が座ることができるテーブルが規則正しく配置されている。天井の LED で明るく照らされたホールには、土曜であるにも関わらず多数の学生が思い思いの場所に陣取り、めいめい本を読むなり、パソコンを操作するなりしている。

 熊田は左に向かって歩いていく。曲がると階段ホールがあり、足場の隙間から下が丸見えの階段をカンカンと音を鳴らしながら登っていく。2 階から 3 階に進んでいくと、周囲の壁には「公認心理士の説明会」とか、「臨床心理士のカリキュラム案内」などのポスターが多数貼り付けてある。貼り紙に気を取られながら 3 階の廊下を渡っていくと、熊田は 3 つ目のドアの前で立ち止まり、ノックもせずにドアを開けて中に入っていった。入り口に取り付けられているプレートには「地域共生心理学研究室」とある。

 初めて見る学科名だが、そういう心理学の分野があるのだろうか。そう考えながら、二項も熊田のあとに続いてドアの奥へと足を進めた。部屋の中は 6 畳程度のスペースで、壁際に事務机が 6 つほど間隔をおいて並べられている。そのうちの 1 つ、奥の窓側の机の前ですらりとした女性が立ち上がり、二項に向かって頭を下げ挨拶してきた。

「こちら、真中さん」

 熊田が上気した顔でにやけながら紹介した。

「初めまして。真中美央と申します。ここで『環境心理学』を専

攻しています」

　髪をひっつめて後ろで束ねた様は現役選手時代の浅田真央さんに感じがよく似ている。

　「フィギュアスケートの真央ちゃんかと思っちゃいました。雰囲気が似てらっしゃるものですから」

　「実は研究室で真央さんって呼ばれているんです。でもそれは真中の真と美央の央をつなげただけのことで……。そういう二項さんだって松潤にそっくりじゃありませんか」

　「えっ、松潤ですか？　松潤っていわれたことはないなぁ〜、ジャニ系とはいわれますけど」

　「あっ、そうですね。確かに、ジャニ系ですよね。女の子からすごくもてそう……」

　「いやあ、参っちゃったなぁ〜、真央さん、あ、僕も真央さんって呼ばせていただいて構いませんか」

　「おい、文太！　初対面のくせにいい感じで意気投合しやがって！　お前、ちょっと厚かましいぞ」

　「いや、すまん、すまん。あの早速ですが、真央さん、環境心理学とおっしゃいましたか？」

　入り口のプレートにあった名称と違いますねと続けたかったが、さすがにいきなり突っ込むのは悪いかとも思い、言い回しを変えてみた。

　「心理学にもいろんな心理学があるんですね」

　二項は熊田をちらりと見たが、熊田はなんの屈託もなく真央さんに代わって答えた。

　「ここの研究室は、地域支援とかに力を入れているんだ。例えば過疎の村の環境を改善するための工夫とかを提案したり、実践したりしているわけだ」

　「具体的にはどんなことをしているのですか？」

「そうですね。いろいろなんですけど、最近では自治体の地域振興予算を使って海岸沿いの道路に WiFi を整備する活動とかしました」

「それはすごいですね」

「ああ、でも平日は一日 10 台くらいしか車が通らないところらしいんだけどな」

「はぁ？」

「熊田君、そうじゃないっていったでしょう。目的は WiFi を整備することを通して、その地域に訪れる観光客を増やしましょうってことなんです。WiFi が完備された海岸なんて便利じゃないですか」

「ははあ、なるほど。その可能性はありますね。すると、WiFi の導入前と導入後で交通量に変化があったかとかをデータを使って検証したりするんですね」

「いえ、そこまでは計画に入っていないので、いまはどうなっているのか、私も知りません」

は？と思ったが、真央さんも気まずそうな表情をしているので、二項もこれ以上この話題に深入りしてはいけないのだと察した。

「そ、そうですか。ここの研究室は地域振興を心理学の観点から研究しているという感じでしょうか？」

「いえ、ここに所属している人の専門はみんなバラバラなんです。例えば教授の専門は生活心理学だったと思います。ただ地域共生というような名前を掲げると研究予算とかが付きやすいのだそうです」

「ははあ、なるほど……」

二項もそれは聞いている。いま大学、ことに二項が卒業したFランクの大学では、地域への貢献が強く求められているのだ。もちろん大学の本分は研究であり、実際政府は各大学が研究での国際的

競争力を伸ばすよう、予算などで厳しく締め付けているそうだ。とはいえ、実際のところは、東大や京大など、予算や人員で比較的恵まれた一部のトップ大学をのぞき、多くの大学では研究で国際的競争力をつけることなど絵に描いた餅にすぎない。そのため、現実的に手が届きそうな使命として地域貢献が課せられ、各大学ともとりあえずそこを目指さざるを得ないのだ。もっとも、日本の大学に地域振興策などに詳しい教員はおらず、いたとしても、提唱した施策が実際に効果をあげたかどうかを、データに基づいて検証する能力まではないらしい。

　二項は改めて室内を見回した。ここは大学院生の勉強部屋のようで、それぞれの机上にはノートパソコンあるいはデスクトップパソコンがあり、その周辺にはメモ用紙や開きっぱなしの本などが無造作に置かれていた。

　「ここは私を含めて院生5名が使っている部屋です。もっとも全員が揃っていることはほとんどなくて、土日は私しか来ません。それで今日相談させていただきたいのは、私宛てに嫌がらせのメールが届くことなのです。これを見ていただけませんでしょうか」

　真央さんは彼女のノートパソコンを二項の方に向けた。画面にはメーラーが起動していてメッセージがいくつか表示されているようだった。

　「メールですか。見て構わないんですか？」

　「はい、ぜひ読んでください」

　真央さんの返事を待つまでもなく、二項はメールを読み始めていた。そして、その威圧的かつ尋常でない内容に他人事ながら動悸を覚えた。

　「これは……」

　「はい。嫌がらせのメールです。先月ぐらいから毎週のように届くんです」

「ひどいだろ。彼女の研究テーマをバカにするだけでなく、私生活まで中傷してくるんだ」

「これは確かにひどいですね。お気の毒に」

「はい、とても困っているのです。それで熊田君に相談したところ、二項さんなら力になってくれるに違いないと聞いたものですから、お忙しいとは思ったのですが、ご足労をお願いしたのです」

「でも、あいにくこの件で僕がお役に立てるとは思えません。むしろ指導教官か大学の学生課、いっそ警察に相談されてみてはいかがでしょうか」

「いえ、容疑者は絞られているんです。だって、このメールの書き方からすると私個人についてかなり知っていることがわかりますから。それに研究の専門的なことにも触れられています。つまり、送ってきそうな人は限られます」

「つまりさ、彼女はこの研究室の仲間の誰かが犯人じゃないかと疑っているわけだ」

「ええっ、そうなんですか！？　なんかドロドロしてきましたね」

二項はそういうと、周りの机を眺め回した。

「容疑者はこの部屋を使っている他4人のうちの誰か、つまり彼女自身も知っている人物ということだ」

「な、なんだかサスペンスドラマみたいになってきましたけど、一体僕にどうしろと？」

「統計学の方法を使って犯人を特定できないでしょうか？」

「は？　ここで統計学ですか！？」

「そうです。前に日本語の文章をデータとして分析して、書いた人を特定するという方法をテレビで見た記憶があるのです」

「そ、そうなんですか？」

「私宛のメールの文面から犯人を絞り込むことができないでしょうか？　疑いのある4人の院生は、それぞれすでに論文を何本か

公表しています。彼らの論文から文章の特徴を調べて、嫌がらせメールの文章と照合できないものでしょうか」

二項は少し考え込むように首をかしげた。

「それって、メールのスパム判定に近いイメージなんですか？」

「私には詳しいことまではわからないのですけど、多分、そういうことではないでしょうか」

「ちょっと待った。2人で一体なんの話をしてんだ」

熊田が苦々しい顔をして二項の肩をこづいた。

「スパム判定っていうのは、受信メールから詐欺サイトとかアダルト広告を含んだメールを削除することだよ」

「いや、それはわかっているけど」

「スパムを弾くしくみは知っている？」

「なんか特定のキーワードが含まれていたら、スパムメールとしてゴミ箱とかに自動的に移動してくれるんだろ」

「それだと、例えば『出会い』ってキーワードが入っているメールは全部弾かれてしまうよ」

「それでいいだろ」

「でも、『出会い』っていうのが結婚相談所のメールかもしれないし」

「俺は結婚相談所に用なんかないけどな」

熊田はどういうつもりか真央さんをちらっと見た。

「まあ、ともかく、ある特定の言葉が書かれていればスパムに分類できるかっていうと、そう簡単じゃないんだな。それに、確かスパム判定では普通の統計学ではなく、ベイズ統計が使われているんじゃなかったっけな……」

「ベイズ統計ってなんや？」

「なんで、そこだけ関西弁なんだよ」

「ベイズ統計ですか！？　私も、ぜひ教えてもらいたいです。最

近、私の専門分野でもときどき耳にするようになりました」

　真央さんがすがりつくような目で寄ってくるので、二項は後ろに一歩引いてしまった。

「いや、ベイズ統計については、僕もあんまり詳しくは……」

「例えばスパム判定ではどう使われているんだ？」

「スパム判定では、確か一般に世の中に流れているメールの何割が迷惑であるかっていう確率から出発していたような気がするけど……」

「それっておおざっぱすぎないか？」

「いや、それだけじゃなくて、特定のキーワードが含まれているかどうかが鍵になると読んだことがあるよ。例えば、迷惑メールに『出会い』という言葉が出現する確率がわかっているのならば、逆に、あるメールに『出会い』という言葉が含まれているときに、そのメールが迷惑メールである確率を調べるらしい」

「で、なんだよ、ベイズ統計って？」

「で、なんなのですか、ベイズ統計というのは？」

　熊田と真央さんが二人揃って目を輝かせながら二項に迫ってきた。

「弱ったな。えーと、僕らの業界でも最近はやりのデータ分析手法を指す言葉なんだよ」

「はやってる？　つまり重要なんだな、よし、俺も一緒に勉強するからな」

「ベイズ統計って、お前はとりあえず基本的な統計から……あ、なにをすんだよ。☆くぁwせdrftgyふじこlp☆」

　二項はその後も真央さんからすがりつくように懇願され、結局、断るに断りきれず依頼を引き受けた形になってしまったのだった。

3　黒髪乱子さんと逆確率

　地下鉄の階段を登り、高台にある住宅街の方に向けて歩を進めると、間もなくIT関連企業をはじめさまざまな会社が軒を連ねるオフィス街へと出る。その中ほどまで来ると弁当屋兼仕出し屋「正規屋」の看板が見えてくる。ちょうど昼時を迎えたいま、店内のショーケースの前にはいつものように人垣ができている。近隣の会社に務めるサラリーマンやOLとおぼしき人たちに混ざって、やんちゃなコーギーの子犬を連れた白髪のおじいさんの姿も見受けられる。高台の住宅街から散歩がてら昼ご飯を買い求めにきたのだろう。店内に犬を連れ込んでも嫌な顔をする人はひとりもなく、むしろ頭や背中をモフモフされて気持ちよさそうにゴロンするワンちゃんの様子をみんな目尻を下げて眺めていたりする。アルバイトの店員は客の注文を順番に聞くと、売り場に隣接したすぐ奥の厨房に向かって開口部からカウンター越しに「赤牛つけ麺1丁！」などと威勢よく声を張り上げている。店内には備え付けのティーサーバーがあり、弁当ができるのを待つ間、客はセルフサービスの茶を飲んだり背もたれ付きベンチに座って雑誌を読んだりしている。丼物やつけ麺など受け取った弁当をベンチでいきおい掻き込んで帰る客もいる。店内には多少無駄な空間も残されているので、レイアウトを工夫してイートインスペースを設けたらいいんじゃないか。人目を気にせず弁当を楽しめる空間ができれば集客力アップを見込め、売上拡大と収益力向上につながるんじゃないか……。そんなことを

考えながら二項は活気に満ちた店先を離れて裏手に回り、細い路地に面した弁当屋の勝手口の前で立ち止まる。いつものようにドアを開けて二項は一瞬面喰らった。ちゅ、厨房が消えた！？　目をパチクリさせ室内を見回して思い出した。そうだった、先週1週間かけて店の間取り変更をしたんじゃないか。自分もさんざんこき使われて力仕事をやらされたじゃないか。以前売り場の奥は狭い事務室を挟んで厨房だった。注文を受けてから一つ一つ手作りする店のスタイルを考えれば、その間取りは作業動線上あまりにも効率が悪すぎた。幸い大した配管工事も伴わない比較的簡単なリフォーム工事で、事務室と厨房の位置を入れ替えることができたのだ。事務室はスタッフルームと呼び名も改め、部屋は相変わらず狭いながらも白を基調とした明るめの内装になっている。年季の入ったスチールデスクとガラス引き戸付きスチール書庫は姿を消し、それぞれ以前のものより2倍の大きさはある木の温もりが感じられる木目調のものに取り替えられてえいる。ガラス引き戸の中の棚に目をやると、数学や統計関係の本が所狭しとびっしり並べられている。二項はなにかに突き動かされるかのように真新しいナチュラル色のテーブルの前に腰を下ろすと、真剣な眼差しでノートパソコンのキーボードを叩き始めた。

「なにしてんのよ」

勝手口とは反対にある厨房側のドアが開き、セーラー服姿の美少女が入ってきて二項に尋ねた。

「あれ、乱子さん、その髪！　黒のストレートロングにしたんですか？　前はふわふわのピンクっぽくしていてあれはあれで可愛かったですけど、一体どこの美女が迷い込んできたのかと思いましたよ」

「一応、学則で髪を染めるのは禁止されているんだよね。あたしのような勤労女子は、大人としての自己主張が許されると思って染

めてたんだけど、確かにあれは逆効果だったよ。可愛い可愛いなんて、子供扱いされちゃってさ。こないだなんか美咲[1]と一緒に表参道のパンケーキ屋さんに行ったんだけど、二人して中学生に間違われてんの。美咲はともかく、このあたしまで！　ったく、冗談じゃない。翌日、さっそく黒髪のストレートロングにしたよ」

「あの、勤労女子って？」

「高校に通うかたわら、親の家業の経理任されて小遣でなく勤労報酬をもらっているんだから、押しも押されもせぬ勤労女子でしょ！」

「あ、いえ、そんな表現があるのかと思ったものですから……。ところで今日は、その高校の方はどうしたんです？」

「今日は高校の創立記念日で丸1日休校だよ。うちの高校、6月が創立記念日で本当にありがたいよ。6月は全然祝日なくって息つまりそうだもんね」

「まったくです……。ところで、店長が厨房にこもったままで出て来てくれないのです。もちろんお昼の書き入れ時でお忙しいことは百も承知ですが、今日は事前に12時の指定を受けているんです。今期の営業記録について説明させていただくことになっているのですが……」

「例によって新製品の開発をしてるけど」

「そういえば、なんか酸っぱい匂いが漂ってきましたが……」

「鹿児島県産黒豚の酢豚煮込み丼を試作してる」

「それ、名前だけ聞いたらすごく美味しそうですね」

---

[1] 美咲：私立東慶学園高校2年生。乱子の同級生にして親友。1年生の3学期には訳あってクラスの学期末試験の平均点を上げるべく乱子らと共に奔走。自慢のツインテールと大きなつぶらな瞳をクルクルさせいつも元気一杯だが、時にそのルックスと同様に幼すぎる言動でクラスメートたちを当惑させる。詳しくは、『とある弁当屋の統計技師(データサイエンティスト)2―因子分析大作戦』をお読みください。

「うちはずっと老舗の醸造酢メーカーから米酢と黒酢を仕入れているんだけど、この間そこの社長さんが遠路はるばる訪ねてきてさ。露天かめ壺で２年も３年も熟成発酵させたっていう黒酢と、原料が白米100％、混ぜ物一切なしっていう秘伝の米酢を熱心に売り込まれちゃって。従来仕入れてきた並みのと比べると２,３倍は値が張るっていうのに、向こう３年定期購入する契約させられてんの、あの人！　ったく、人がいいのかただの馬鹿なのか！　お母さんと一緒に猛反対したんだけど、『原材料費をケチったらあかん。ほんまもんつこうてこそほんまもんの料理人や！』なんてわけのわからないこと抜かして。ま、そんなこんなでいまはとりあえず黒酢を使った新作の考案に躍起になってる。まあ調理している様子をはたから観察する限りは、黒酢漬け豚肉の葛粉揚げカラフル野菜の黒酢あんかけ黒酢飯弁当ってところね」

「うっ、微妙……。身体にはよさそうだし美味しそうでもあるんですが、ちょっとあまりにも黒酢黒酢しすぎていて構えてしまいますね。なにしろこれまでに何度も悲惨な目に遭わされていますから」

「試しに厨房に行ってみたら？　わざわざ12時に来いなんて指定したところを見ると、文太に試作品の味見をさせようって魂胆見え見えじゃない。あたし、最近ふと気付いたんだけど、お父さんが文太を雇ってるのってこのためじゃないかって、ぶっ！」

「うわっ、乱子さん、なんてことをいうんですか！？　後生ですから、それだけは勘弁してください〜！」

「ふん」

鼻先で笑うと乱子は二項が開いているノートパソコンの画面を覗き込んだ。

「ベイズ統計？」

「そうなんです。ベイズ統計を教えろと頼まれてしまって……」

「誰に？　で、なんでベイズ統計？」

「実は……」

二項は熊田と真央さんとのやり取りを乱子に説明した。

「話はわかったけど、そんなこと、ベイズ統計で解決できるのかな？」

「いや、僕にはよくわからないんですけど、ともかく強引に頼み込まれてしまって」

「相変わらず弱腰よね。で、どのあたりから調べてんのよ」

「え？　乱子さん、ベイズ統計を知っているんですか？」

「少しね。で、メールのスパム判定の原理を知りたいってわけ？」

「というか、スパム判定を使って嫌がらせを送ってくる犯人を特定したいという依頼です。ただ、合わせてベイズ統計について教えてくれともいわれたんですけど、基本的には統計分析の一種だと考えていいんですよね」

「確かに統計を使っているけど、一味違うかな」

乱子はそういうと、席を立ちドアを開けて厨房に入っていったが、すぐに戻ってきて、テーブルの上に茶色の一升瓶をドンと置いた。

「えーと……、これはお酢ですよね」

「そう。お酢が料理の味を左右するように、ベイズはデータ分析の決め手となる」

「釈迦に説法という感じがしますけど、これ『こめず』と読むんじゃないですか。例の老舗メーカーから仕入れている米酢じゃないのですか？」

「だから、これがベイズなんだってば」

「いや、だからこれは『こめず』って……あ、そうか！　そういえば、普通の統計学では、ビールを醸造するための研究過程で生み出された方法があるって聞いたことがあります。ということは、ベ

イズは米酢の醸造に関わる技術ってことですか」

「妄想すごすぎ。あたしとしては単に一味違うっていいたかっただけ」

「そのために、わざわざ米酢の瓶を……。と、とりあえず普通の統計学とは違うと理解してよいのでしょうか」

「そうね、だいぶ違うかも。原理はというと、むしろ普通の統計学より単純なんじゃない」

「てか、乱子さん、ベイズ統計に詳しいんですか？」

「統計ソフトを使って動かすことができるかも」

「うわぁ、もうそこまでやっているんですか。じゃあ、僕に教えてくださいよ」

「どこから説明すればいいのよ」

乱子は二項の隣りの椅子を引いて腰掛けると、テーブルのノートパソコンに顔を近付けた。乱子の艶髪が二項の腕や肩に触れ、二項が思わずのけぞった。

「そ、そうですね。まず、そもそもベイズってなんのことですか？」

「えっ、そこから！？ なら、ちょっと自分で検索してみなよ。『トーマス・ベイズ』で」

「あ、人の名前なんですね。ちょっと待ってください……、Wikiに記載があります。あれ、18 世紀のイギリスの牧師だってありますね。統計の研究者とかじゃなかったんですね」

「そもそも、その頃って統計学なんて学問分野はないと思うけど。ともかくベイズさんは牧師のかたわら趣味で数学を研究していた人らしいし、その成果だって本人が亡くなった後に知られるようになったんだよね」

「で、その成果っていうのは？」

「これ」

$$P(A\,|\,B) = \frac{P(B\,|\,A)P(A)}{P(B)}$$

ベイズの定理

「ううむ、なんかすごいですね。それから他にはどんなのが？」

「ベイズさんはこれだけね。これだって、後でラプラスさんっていう数学者が書き直した式らしいからね」

「これだけで名が残っているんですか。なんかすごいな。で、なんなんですか、これ？」

「逆確率」

「まったくわからないです。なんなんですか、それ？」

「そうねぇ」

乱子は長い黒髪をかきあげると、そのまま両手を頭頂部で組み合わせ顔を少し上向き加減にして考え事をしているようだった。手を離すと、艶髪たちが一斉に垂れてきてセーラー服の背中で軽やかにスイングした。ふわっとダマスクローズの香りがあたりに立ち込めた。

「文太がしょっちゅうちょっかいを出しているちょっとだけ可愛いバイトの子がいるよね。あの子が……」

「へ？　ちょ、ちょっと待ってください、乱子さん。僕、誓っていいますけど、ちょっかいなんかちっとも出してませんよ。確かにあの子は気が利きますけど、可愛いっていったって所詮乱子さんの足元にも及びませんから」

「ふん、調子のいいこといってるけど実際はどうだかね。で、仮にだけど、あの子がさ、店頭でお客さんの注文を聞いてから厨房に『フルーツ丼１丁！』って叫んだとするよ」

「うちの人気メニューですね」

「『うちの』ってね、文太！　あんたはお父さんが雇った使用人のデータサイエンティストにすぎないんだから。ったく、ちょっと黙っててくれないかな」

「あ、はい、すみません」

「で、ここでフルーツ丼が1つ売れたわけだけど、このとき、これを注文してくれたお客さんが女性かどうかわかる？」

「あの、僕、自慢じゃないですけど、メチャクチャ直感が鈍いんですよ」

「はあ？　直感が鈍いって、あんたそれでもデータサイエンティスト？」

「あ、データにもとづいて答えろってことですか？」

「それ以外になんかある？　ったく、まどろっこしいったらありゃしない！　頭の回転鈍すぎ！！　ところで、フルーツ丼を購入してくれるお客さんのタイプについて、前にレポートを出してもらったよね、覚えてる？」

「はい、もちろんです。乱子さんのお店の売上は弊社でしっかり管理させていただいてます。ええっと、ちょっと待ってください。データから見ると、フルーツ丼を購入する人の8割強が女性だということがわかっています。つまり、いまフルーツ丼を購入してくれたのも女性である確率が高いです」

「この段階だと、それがもっとも妥当よね」

「え？　この段階だと、ってのはどういうことでしょう」

「例えば、仮の話だけど、ある日の売り上げを調べたら販売したフルーツ丼100個のうち女性が買ってくれたのは50個だったとしたら？」

「フルーツ丼の売上に占める女性の割合が減って、男性の購入者が増えたということですね」

「もしそうならば、女性の好みが離れてしまったのか、あるいは

男性客の人気が高まったのでお得意様の女性の分が残らないようになっているのか、調査すべきよね」

「そうですね。もしお得意様の女性に回っていないのなら、仕込みを増やすなどして需要に応えなくてはなりませんよね！！」

「てか、それは本当にフルーツ丼売上に占める女性の割合が減っている場合でしょ」

「え、でもフルーツ丼100個のうち女性が買ってくれたのは50個という日が実際にあったわけですから」

「過去のデータでは購入者に女性が占める割合はずっと8割だったわけでしょ？ この情報を無視していいの？」

「そうでした」

二項があははと顔を引きつらせながら笑った。

「で、ここで、売上データからフルーツ丼購買者に占める女性の割合を推測するのが逆確率。こういう事前にわかっている情報と、新たに得られたデータを組み合わせて、改めて購入者の何割が女性なのかを推定し直すのがベイズの方法。フルーツ丼の売上がずっと同じままかどうかわからないんでね、常に調査検討していかないと」

「ごもっともです」

「重要なのはフルーツ丼の購入者に占める女性の割合を、特定の決まった値だと決めつけないこと。新しいデータを加えて、常にアップデートしようとする姿勢」

「それって新しいんですか？」

「普通の統計学では、追加データを使ってアップデートするのではなく、また一からデータを集め直すんじゃない？」

「そうなんですかね。で、結局、フルーツ丼のお客さんのうち何割が女性ということになるんですか？」

「じゃあ、少し実際的な例で考えてみようか」

「というと？」
「うちの弁当屋に来るお客さんの男女の割合と、売上に占めるフルーツ丼の割合を同時に検討してみようってわけ」
「むむ。話が複雑になってきましたね」
「ちょっと話を整理しようか。まず、うちのお店のお客さんは6割が女性で男性は4割」

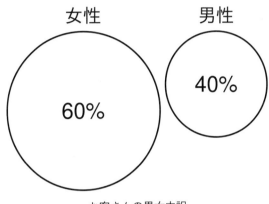

お客さんの男女内訳

「そして女性のお客さんに限定すると、そのうち20%の人がフルーツ丼を買ってくれる。また男性のうちフルーツ丼を選ぶ人は5%ってのが現状よね」
「フルーツ丼のファンという男性客もいますよね」
「数字の話だからホワイトボードにちょっと書いてみるから」

3 黒髪乱子さんと逆確率

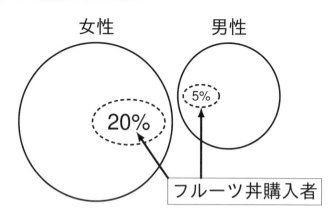

男女それぞれでフルーツ丼購入者の内訳イメージ

男女に分けて考えた購入者割合

フルーツ丼を	女	男
買う	20%	5%
買わない	80%	95%
合計	100%	100%

「じゃあ、今度は女性と男性を込みにして考えてみるね」
「込み？」
「男女全体で買う人の割合を考えてみるってこと」

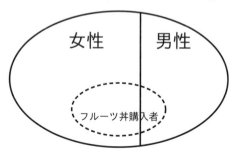

男女込みで考えた購入者の内訳

3 黒髪乱子さんと逆確率　39

男女込みで考えた購入者数

フルーツ弁当を	女	男	合計
買う	12	2	14
買わない	48	38	86
合計	60	40	100

「なんか数字がややっこしくなってきましたね」
「これを割合に変えるとこうね」

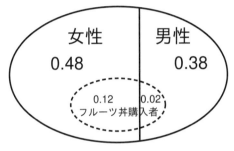

男女込みで考えた購入者の割合

男女を込みにした購入者の割合

フルーツ弁当を	女	男	合計
買う	0.12	0.02	0.14
買わない	0.48	0.38	0.86
合計	0.6	0.4	1.00

　「で、この新しい表では男女全体の中で『性別』と『買う・買わない』の組合せである４つのパターンそれぞれの割合を調べていて、４つの欄にある割合の合計が1.00になることに注目。具体的には、お客さん全体のうち女性であってフルーツ丼を買う人の割合が12％、男性で買わない人の割合が38％。で、これをこんなふう

に計算したけど、わかる？」

女性で買う

　＝ 女性の割合 × 女性の中でフルーツ丼を買う割合

男性で買わない

　＝ 男性の割合 × 男性の中でフルーツ丼を買わない割合

$$0.12 = 0.6 \times 0.2$$
$$0.38 = 0.4 \times 0.95$$

フルーツ弁当を	女	男	合計
買う 買わない	$0.6 \times 0.2 = 0.12$ $0.6 \times 0.8 = 0.48$	$0.4 \times 0.05 = 0.02$ $0.4 \times 0.95 = 0.38$	0.14 0.86
合計	0.6	0.4	1.00

「ちょっと待ってください。『女性で買う』って『女性の割合 × 全体で買う人の割合』じゃないんですか？　なんか、数学で、A と B が同時に起こる確率は、A が起こる確率と、B が起こる確率を掛け算するって習った気がしますけど。もし、そうなら全体の中で女性の割合が 60％ で、全体の中で買う人の割合が 14％ ですから、計算も $0.6 \times 0.14 = 0.084$ となるんじゃないですか」

「同時確率ってやつでしょ？」

「そう習ったかもしれないです……」

乱子がホワイトボードに向かい、黒いマーカーをキュッキュッと動かした。

$$\frac{n(A) \cap n(B)}{n(U)} = P(A \cap B)$$

「$n(A)$ は高校の数学での書き方だけど A の個数。$n(B)$ は B の

個数。そして $n(U)$ は全体の個数。要するに A と B で共通する要素の個数を全体で割ったわけだから、その割合なんだけど、これが同時確率。P は確率、Probability の頭文字。この同時確率と、条件付き確率は同じじゃないから」

「条件付き確率……。なんか聞いたことありますね」

「例えば A が起こったという条件で B が起こる確率」

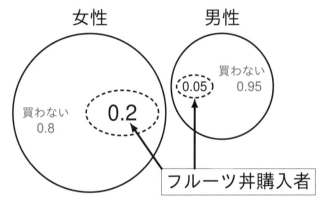

男女別々に購入割合を考える

「これ、左の丸が女性のお客さんで、右が男性のお客さん。大きさが人数を表している」

「女性のほうが少し大きな円になっているんですね」

「それぞれの円の中にある破線が、女性ないし男性の中でフルーツ丼を買ってくれるお客さんが占める割合」

「左の女性の区画の中にある小さい円の部分が女性でかつフルーツ丼を買ってくれたお客さんってことになりますね」

「そう。これが女性という条件を付けてフルーツ丼を買ってくれる人の領域」

「ええ。だから女性の割合 × 購入者の割合になるんじゃないですか？」

「でも、それぞれの内部の破線の円って大きさが違うでしょ」

「あ、そうか、男性と女性でフルーツ丼を買ってくれる割合が違っちゃってるんですね」

「確率の**乗法定理**っていうのがあるんだけど」

「メチャクチャ難しそうですね」

「書いてみると、そうでもないかも」

そういうと乱子はホワイトボードに向かい、黒色マーカーを走らせた。

$$P(A \cap B) = P(A) \times P(B \mid A)$$

「えーと、右の最後の $P(B \mid A)$ って中にある縦棒ってのはなんですか？」

「これは条件付き確率を表す書き方。A が起こったことを条件とした場合に B が起こる確率。高校では $P_A(B)$ と書いていたけど。それから $P(A)$ は A が起こる確率」

「ということは A と B が同時に起こる確率っていうのは、A が起こった確率に、A が起こっているという条件付きで B が起こった確率を掛け算するんですか。えーと、それじゃ逆に B が起こったという条件だと、これって……」

「こうじゃいけないのかっていいたいんでしょ？」

$$P(A \cap B) = P(B) \times P(A \mid B)$$

「そ、そのとおりです。読心術ですか？」

「は？　どうせ文太の考えそうなことくらい知れてるんだから。これ、どっちも正しいから。」

「いずれにせよ、A と B それぞれを単純に掛け算してもダメなんですね……」

「条件付き確率が、2つの確率の掛け算で求められる場合っての

3 黒髪乱子さんと逆確率

はあるけどね。例えばくじを引くことを考えてみて。うちのお店の年末の福引きがあるでしょ。あれをうんと単純化して、10本中3本が当たりだとする。で、花子さんがくじを引いてから、その後で太郎君がくじを引くとするよ。この場合、花子さんがあたりを引く確率は？」

「10分の3ですよ」

「じゃあ、花子さんが当たりを引いたとして、次に太郎君が当たりを引く確率は？」

「えーと、くじの残りは9本でうち2本が当たりですから9分の2です」

「すると、花子さんと太郎君の2人ともが当たりを引く確率は？」

「10分の3と9分の2の掛け算ですか」

「つまり10分の3×10分の3じゃないわけよね。乗法定理にあてはめると、こう」

$$P(A \cap B) = P(A) \times P(B \mid A) = \frac{3}{10} \times \frac{2}{9}$$

「なるほど」

「だけど、もし花子さんが当たりを引いた後、その当たりくじを元に戻してから太郎君が引くとなると、花子さんが当たりを引く確率も、太郎君が当たりを引く確率も10分の3だから、10分の3×10分の3。花子さんが当たりを引いたことが、太郎君が当たりを引く確率にまったく影響を与えていないってわけ。つまり $P(B \mid A) = P(B)$ となって、この場合、A の起こる確率と B の起こる確率は独立であるというんだよね」

$$P(A \cap B) = P(A) \times P(B) = \frac{3}{10} \times \frac{3}{10}$$

「当たりを戻さない場合は、太郎君が当たりを引く確率が変わってしまうわけですね」

「2つのできごとが互いに独立であれば、確かに $P(A \cap B) = P(A) \times P(B)$ が成立する。フルーツ丼に話を戻すと、お客さんが女性の場合と男性の場合で購入してくれる割合が違うでしょ」

「独立じゃないわけですね」

「独立である典型的な例がサイコロ。同じ作りのサイコロ2個を振って2個とも1が出る確率とか。それぞれのサイコロで1の目が出る確率を掛けて $1/6 \times 1/6$ とすれば同時確率が求められる。でもフルーツ丼をサイコロに例えると、最初にお客さんが女か男かを決めるためにサイコロを振るとするでしょ？ で偶数なら女性、奇数なら男性とする。このサイコロを振ると女性か男性かは決まるけど、次に振るサイコロはまったく別のサイコロになって、それも『女性用サイコロ』と『男性用サイコロ』のどちらかになる。このサイコロは買うか買わないかのどっちかが出るけど、その出方は男女で同じではない。だから独立じゃない」

「なるほど」

「ついでだから、ちょっとクイズを出そうか。知っているかもしれないけど」

「いや、僕は、多分知らないんじゃないかと思いますけど」

> ある夫婦に子供が2人いるとする。2人の子供のうち少なくとも1人は女子である。このとき、2人とも女子である確率はいくつか？

「むむ。えっと、芸がないんですけど、あらゆる組合せを考えてみます。例えば最初の子が女子で次の子も女子の場合は『女・女』。で同じように『女・男』、『男・女』、『男・男』という組合せがある。この4つのうち女子のみなのは1つだけなので、4分の1ですか」

3 黒髪乱子さんと逆確率

「いま質問しているのは『少なくとも1人が女子であるとき』という条件がついてんのよ」

「えっと、そうですね。条件付き確率か……。う〜ん、まずわかっている確率を整理してみます。少なくとも1人が女子である確率を $P(A)$ とすると、$P(A) = 3/4$ ですか。次、1人が女子で、かつもう1人も女子であるのは $P(A \cap B)$ となりますけど、これはさっきの組合せのうちの『女・女』です。だから4分の1」

「で、求めたいのは少なくとも1人は女性だという条件のもとで、もう1人が女性の確率。さっきの乗法定理を適用できるでしょ」

$$P(A \cap B) = P(A) \times P(B \mid A)$$

「えーと、わかっているのは $P(A) = 3/4$ と $P(A \cap B) = 1/4$ ですから、こうなりますね」

$$\frac{1}{4} = \frac{3}{4} \times P(B \mid A)$$

「これを整理すると、こうなるのか」

$$\frac{\frac{1}{4}}{\frac{3}{4}} = P(B \mid A)$$

「3分の1ですね!」

「当たり、かな?」

「かな!?」

「これ、設問を次のように変えると考え方が違ってくるよ」

ある夫婦に子供が2人いるとする。このうち年長の子は女子である。このとき、2人とも女子である確率はいくつか?

「え、どう違うんです？」

「年長の子が女子の場合って何通りある？」

「えっと、あ、『女・女』か『女・男』の２通りになるんですか。で、このうち、下の子も女子なのは１つだけで、1/2 か。てか、この場合、上の子は最初から女子と設定されているわけですから、あとは下の子が女か男かってだけの問題で、1/2 に決まっているじゃないですか。これって一種の引っかけ問題なんですか、乱子さん？」

「ま、そういうこと。じゃあ、再びフルーツ丼の話に戻るけど、女性でフルーツ丼を買ってくれるお客さんと、男性で買ってくれるお客さんは、それぞれこう書けるでしょ？」

$$(女、買う) = (女) \times (買う｜女)$$
$$(男、買う) = (男) \times (買う｜男)$$

「『(女)』って丸括弧で書いているのは、お客さんが女性である確率ってことでしょうか？　で、縦棒が入っているところは……」

「この棒も条件付き確率。棒の右が条件で、左が出来事。つまり (出来事｜条件) はある条件のもとである出来事が生じる確率。例えば (買う｜女) は女性と限定して、フルーツ丼を購入してくれる確率ね。この場合、男性がどうするかはまったく考慮していないから」

「なんか冷たく突き放したいい方ですね……」

「被害妄想がすぎるんじゃない？　で、『(女) × (買う｜女)』はお客さん全体に女性が占める割合と、女性のうちフルーツ丼を購入する人たちの割合の掛け算になっているでしょ。で、これは結局、女性であってフルーツ丼を買う人ということ。これを左辺で (女、買う) と書いている」

「ちょっと待ってください、なんか、また、こんがらがってきま

した。(女、買う)って女性であって買うお客さんの確率ですよね？ (買う｜女)とどう違うんです？ こっちも女性であって買う人の確率なんじゃないですか？」

「分母が違うっていってんの」

「はっ？」

「まず(買う｜女)は、女性のお客さんに限定した中でフルーツ丼を買う人の割合。100パーセント女性の集団にあってフルーツ丼を買う人の割合のこと。それに対して(女、買う)の方は、男女込みでのお客さん全体を対象として、お客さんが女性で、かつフルーツ丼を購入する人の割合」

「同じような気がするんですけど……」

「(買う｜女)が表しているのは、女性の総数のうち買ってくれる人の割合。一方、(女、買う)では男女全体が分母で、分子は女性かつ買ってくれた人。『お客さんの性別』と『フルーツ丼を買ってくれるかどうか』がもしも独立でないならば、(女、買う)と(買う｜女)は同じにならない。でも、(女、買う)を(女)で割ると同じになる」

$$\frac{(女、買う)}{(女)} = (買う｜女)$$

「で、この式から、さっきの式が導けるのはわかる？」

$$(女、買う) = (女) \times (買う｜女)$$

「要するに両辺に(女)を掛けたんですね」

「ついでに他の場合も書いておくから」

$$(女、買わない) = (女) \times (買わない｜女)$$

$$(男、買う) = (男) \times (買う｜男)$$

$$(男、買わない) = (男) \times (買わない｜男)$$

「なるほど、これがベイズなんですね？」

「これは普通の確率。別にベイズに特有な式ってわけじゃないから。そうじゃなくて、ベイズの特徴は、この式から逆確率を求めること。ここまで（女｜買う）っていう確率は出てきていないでしょ？」

「（女｜買う）って、前にあった（買う｜女）に比べると、縦棒の左右が入れ替わっていますね。フルーツ丼を買った人が女性である確率？ってことですか？」

「そう。（買う｜女）の逆だから逆確率。で、ここでいよいよベイズの公式の登場！」

$$(女｜買う) = \frac{(女) \times (買う｜女)}{(女) \times (買う｜女) + (男) \times (買う｜男)}$$

「ううむ……。なんか分母が複雑ですね……」

「分母は、男女それぞれで買う人の割合を合計しているわけ。左側、つまり左辺の（女｜買う）で縦棒の右にあるのが条件の部分でしょ、で、『買う』という条件にあてはまる現象の合計。もっと具体的にいうと、女性で買う人の割合と、男性で買う人の割合を足し算しているだけ。そして分子は女性で買う人の割合でしょ。だから、結局これは買う人に占める女性の割合ってことになる。つまり（女｜買う）ね。少し数学ぽく書くと、こう」

$$P(F｜B) = \frac{P(F) \times P(B｜F)}{P(F) \times P(B｜F) + P(M) \times P(B｜M)}$$

「むむ、なにやら難しげになりましたね……」

「もう一度確認すると P は確率、Probability の頭文字でしょ。それから F は女性 (Female)、M は男性 (Male)、そして B は買う (Buy)。それと、分母はもっと簡単にして、こう書くこともあるから」

$$P(F\,|\,B) = \frac{P(F) \times P(B\,|\,F)}{P(B)}$$

「$P(B)$ ってことは、買う確率ですか？」

「買うという条件の割合を合計した数値。実は、ベイズの公式では、この分母がけっこうキモになるんだけどね」

「見た目は意外に単純ですね」

「単純。単純だけど、逆の確率を求められるので、応用範囲はとても広い。うなずいてないで、さっさと計算してみなよ」

「あ、はい。えーっと，さっきの表（p.39）の数値を使えばいいんですね」

$$\frac{0.6 \times 0.2}{0.6 \times 0.2 + 0.4 \times 0.05} = 0.8571\cdots$$

「ってことで、フルーツ丼を買ってくれたお客さんは約 86% の確率で女性だということになります」

「じゃ、これでひとまず文太もベイズの定理を理解したということで……」

「いや、ちょっと待ってください。まだ微妙というか、しっくりこないというか……。あともうちょっとのところで理解できるかな、って感じなんですけど……」

「じゃあ、ちょっと話を脱線させてみよっか」

4　秘密警察とベイズ更新

「いきなりだけど、アジアの東の果てに A 国という独裁国家がある」

「は？　なんの話ですか？」

「仮想上の話」

「はあ……」

「で、その独裁国家には秘密警察があって、日常的に市民を監視している。秘密警察はやたら人員が多く、国民 1000 人あたり 1 人が配置されている」

「冷戦時代のソビエトの秘密警察の比じゃないですね、多分」

「で、文太はレジスタンスの一員だとする。そして市民を装ってスパイしている国家の犬を暴き出すミッションが与えられている」

「えらいハードボイルドになってきましたね。でも、なんで『犬』という言葉はそういう使い方されるんですかね。飼い主に従順ってことなんでしょうけど」

「さて、その使命を果たすために文太には強力なうそ発見器が供与されている。このうそ発見器を使うと容疑者がクロかシロかを確かめることができる。容疑者が本当に秘密警察の犬ならば 99％ の

確率でクロだと判定してくれる。逆にいうと 1% の確率で、本当は秘密警察の犬であるにもかかわらずシロだと判定してしまう」

「それでも高精度ですね」

「それから、逆の問題もあって、このうそ発見器は容疑者が本当は普通の市民である場合は 98% の確率で正しくシロだと判断してくれるけれども、残念ながら 2% の確率で間違ってクロ判定してしまう」

「クロと判定されたらどうなるんです？」

「即刻銃殺刑」

「そ、そんな。無罪の人を処刑するなんてむごいにも程があるじゃないですか」

「そう重大問題」

「そういっている割には緊迫感ゼロなんですけど」

「そこでクロと判定されたとき、その容疑者が本当に秘密警察の犬である確率を知りたい」

「うそ発見器の結果を信用しないというわけですか？」

「そうではなく、うそ発見器が 99% という精度で秘密警察を見抜くという前提で、いま、目の前の容疑者が秘密警察の犬である確率を調べたい」

「一応、いっておきますけど、僕は、乱子さんの同業他社のスパイなんかじゃないですよ」

「それをいまから確かめる！」

「怖いなぁ」

「それはともかく、うそ発見器でクロと判定されてしまったときに、本当に秘密警察の犬である確率を計算するにはベイズの公式を使えばいい」

$$（秘密警察｜クロ） = \frac{（秘密警察）\times（クロ｜秘密警察）}{\left\{\begin{array}{l}（秘密警察）\times（クロ｜秘密警察）\\+（普通の市民）\times（クロ｜普通の市民）\end{array}\right\}}$$

「確かに逆確率になっていますね」

「で、ここで文字を入れている箇所に実際の数値をあてはめればいいんだけど、とりあえず、さっき話した数字を表にまとめておくね」

秘密警察と普通の市民の割合

（秘密警察）	0.001	（ 1/1000）
（普通の市民）	0.999	（999/1000）

うそ発見器がクロと判定する割合

（クロ｜秘密警察）	0.99
（クロ｜普通の市民）	0.02

「さあ、いよいよ表の数値をベイズの公式にあてはめてみるね」

$$（秘密警察｜クロ） = \frac{（秘密警察）\times（クロ｜秘密警察）}{\left\{\begin{array}{l}（秘密警察）\times（クロ｜秘密警察）\\+（普通の市民）\times（クロ｜普通の市民）\end{array}\right\}}$$

$$（秘密警察｜クロ） = \frac{\dfrac{1}{1000} \times 0.99}{\dfrac{1}{1000} \times 0.99 + \dfrac{999}{1000} \times 0.02}$$

$$= 0.0472\cdots$$

「計算すると $0.0472\cdots$ になるから、うそ発見器でクロと判定されても、容疑者が本当に秘密警察である確率はだいたい 5% って

とこね」

「いや、ちょっと待ってください。5％もないんですか？ それで、即刻銃殺とかありえないでしょう！？」

「だから、検査方法を改善しようと思う」

「やっぱりエビデンスにもとづくとか」

「クロと判定されたら、今度は別のうそ発見器にかけ直す」

「あくまでうそ発見器を使うって発想は捨てないんですね……」

「で、次のうそ発見器も性能そのものは最初のうそ発見器と同じ」

「えっと、ということは容疑者が本当に秘密警察の犬ならば99％の確率でクロだと判定してくれるけど、1％の確率で間違ってシロだと判定してしまう。それから容疑者が普通の市民である場合は98％の確率で正しくシロだと判断するが、2％の確率で間違ってクロ判定するってことですか」

「そう。ただし前回とは違うところもある」

「なにが違うんです？」

「この二度目の検査にかける容疑者は、一度目よりも秘密警察の犬である可能性が高いといえる。つまり最初の設定のように1000人に1人が秘密警察の犬だという前提をそのまま継続して使うわけにはいかない」

「てか、もう、それ容疑者を追い詰めようとしているでしょ？ じゃあ、なにを最初の確率に使うんです？」

「最初のうそ発見器でクロだと判定された場合に本当に秘密警察の犬である確率を、2つ目のうそ発見器では最初の確率に設定する」

「えっと、確か0.0472…でしたっけ。て、これ、だいたい100人のうち5人が秘密警察ってことじゃないですか！！」

「最初のうそ発見器で秘密警察の犬と判定された連中は、もうクロも同然」

「いやいや、秘密警察の犬だって判定されはしましたけど、確率は5%もないじゃないですか」

「とりあえず、もう一度確率を計算してみなさいよ」

「えーと、さっきホワイトボードに書いたベイズの式の数値を変えればいいんですよね。やってみます。秘密警察である確率が $0.0472\cdots$ ってことは、普通の市民である確率は $0.9528\cdots$ ってことですね」

$$(秘密警察 | クロ) = \frac{(秘密警察) \times (クロ | 秘密警察)}{\left\{\begin{array}{l}(秘密警察) \times (クロ | 秘密警察) \\ + (普通の市民) \times (クロ | 普通の市民)\end{array}\right\}}$$

$$(秘密警察 | クロ) = \frac{0.0472\cdots \times 0.99}{0.0472\cdots \times 0.99 + 0.9528\cdots \times 0.02}$$
$$= 0.7103\cdots$$

「あっ! 今度は秘密警察である確率が約71%になりました!?」

「それみよ! これぞ無敵のベイズ更新!! やはりお前は秘密警察の犬だ、直ちに銃殺刑だ!!!」

「ちょ、ちょっと待ってくださいよ。もう、これ無理やりクロにしようとしているでしょ!!」

「という具合に、新しいうそ発見器をどんどん導入していけば、容疑者が本当に秘密警察だという確信がいよいよ高まってくるわけ」

「個人的にはうそ発見器以外の手段も使ってほしいと思いますけど」

「拷問?」

「いや、もう、その話いいですから」

「ちなみに、これ、途中でベイズ更新とかせず、1回目クロ、2回目クロを連続して計算することも可能で、その場合、こういう

式を立てて計算する」

(秘密警察｜クロ、クロ)

$$= \frac{(秘密警察) \times (クロ｜秘密警察) \times (クロ｜秘密警察)}{\left\{\begin{array}{l}(秘密警察) \times (クロ｜秘密警察) \times (クロ｜秘密警察) \\ +(普通の市民) \times (クロ｜普通の市民) \\ \quad \times (クロ｜普通の市民)\end{array}\right\}}$$

「なんです、(秘密警察｜クロ、クロ)ってのは？」

「1回目がクロ判定で、2回目もクロ判定だった場合に秘密警察である確率。で、これに数値をあてはめて計算すると、結果は、ほれ、前のと同じ」

(秘密警察｜クロ、クロ)

$$= \frac{\frac{1}{1000} \times 0.99 \times 0.99}{\frac{1}{1000} \times 0.99 \times 0.99 + \frac{999}{1000} \times 0.02 \times 0.02}$$

$$= 0.7103\cdots$$

「ううむ。とりあえずベイズの公式はわかった気がします」

「なに寝ぼけたこといってんのよ。これはベイスの公式の意味について説明しただけ。メインはこれから」

「乱子さん、お願いがあるんですけど」

二項が涙目で訴えてきた。

「いまの、僕に代わって、僕の友人とその彼女に説明してくれませんか？」

「は？　なんであたしが？」

「いや、僕にはとうてい無理なんで。もちろん報酬は支払わせていただきますから」

「報酬って？　万年金欠の文太に支払い能力があるとは思えないんだけど」

「友人に出させますよ。そこのところは請合います。じゃあ、さっそくですけど、今度の週末、帝都大学までぜひともご同行願います」
「今度の土曜？　ダメよ、冗談じゃない！　美咲と一緒に原宿で人気スィーツの食べ歩きをすることになってるんだから！」
「じゃあ、その翌日、日曜日に乱子さんと美咲さんを帝国ホテルのスィーツ・ビュッフェにご招待しますから！！」
「よっしゃ！　その話、のった！！」
　乱子が右手の親指を立てて、思いっきり可愛くウィンクしてみせた。

5 犯人と事前確率

「……というのがベイズの定理で、メールのスパム判定だけでなく、行方不明になった潜水艦を探したり、暗号を解読したりと、いろいろな目的に使われている考え方です」

$$P(A\,|\,D) = \frac{P(A)P(D\,|\,A)}{P(D)}$$

その土曜日の午後、帝都大学地域共生心理学研究室わきの小会議室で、ホワイトボードにベイズの式を書き込むセーラー服の乱子の姿があった。ホワイトボード前のテーブルには熊田、真央さん、そして二項が座っている。

「言葉で説明すると、A という条件が成立する確率と、A が成立している場合に D というデータが得られる確率を掛け算して、これを D というデータが一般に得られる確率で割ると、D が得られたという条件のもとで A という条件が成立している確率が求められます」

「分母の D というのが、やっぱりよくわからないです……」

「D というデータが得られる条件ごとの確率の合計です。D というデータは A という条件がある場合だけでなく、他にも B とか C とかいろいろな条件のもとでも起こると思われます。例えば B という条件で D が得られる確率とか、C という条件で D が得られる確率とかですね。そのそれぞれの確率の合計です」

「$P(A\,|\,D)$ というのは $P(A)$ とは違うのですね？」

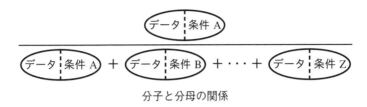

分子と分母の関係

「最初に想定したAという条件が成立する確率が、実際のデータが観測されたことによってアップデートされます。それが$P(A|D)$です」

「つまり、ベイズ統計というのは、分析結果によって確率がどんどん更新されていくことに特徴があるんでしょうか？」

「意外に単純なんだな……」

「とすると、私への嫌がらせメールが増えるたびに、容疑者を絞り込んでいけることになるのでしょうか」

「理屈では、そうなります。ただ、最初に確率を設定しないといけないのです。研究室で疑わしい人は4名だそうですね」

「そうです。マーケット心理学を選考している勝本君、スポーツ心理学が専門の藤原君の2人は男性です。それからマスコミ心理学をやっている竹村さん、芸能心理学の庄司さん、この2人は女性です。みな、私と年齢はそんなに変わりません。」

「なんかいろいろな心理学があるんですね、僕にはどういう内容なのか想像も付きませんけど」

「4人それぞれに、真央さんに嫌がらせをしそうな確率を設定する必要があります」

「どうやるんでしょう？」

「それは私にはわかりません。真央さんが決めてくださらないと」

「私の考えで設定してしまっていいのでしょうか？　でも、こちらから頼んでおきながらこういうのは恐縮なんですけど、私には研

究室のメンバーがこんな嫌がらせをしてくるなんてありえないって気持ちもあるんです。でも、熊田君が指摘するように、送られてきた文面からは他に疑わしい人は思い付かないのです」

「だとすると、全員に同じ確率を振りましょうか」

「それで正しい結果が得られるんでしょうか？」

「実は、ベイズ統計そのものについても、同じような非難が昔からなされてきています。さっきの式をもう一度見てください」

$$P(A|D) = \frac{P(A)P(D|A)}{P(D)}$$

「分子にある $P(A)$ は**事前確率**と呼ばれています。A が起こる確率です。これをベイズでは最初に設定する必要がありますが、それは分析者自身が決めるんです。だけど、ベイズ統計ではこれが非難されてきた歴史があるそうです。主観的すぎると」

「そうですか……。でも、彼らのうち誰が犯人でありそうかをいうのは難しいです」

「そうなると、やはり全員に同じ確率を振るしかありません」

「乱子ちゃん、横から口出して悪いけど、それって誰もが犯人でありうるってことになるわけ？」

熊田が初対面でいきなり「ちゃん」付けで呼んだので、二項は思わず熊田を睨みつけた。

「そうです。ベイズの分析では、最初の情報がない場合、すべてがありうることを確率を使って表します」

「具体的にどうなるのでしょうか？」

「やってみましょうか。文太は、これから私が話す内容をホワイトボードに書いてよ」

「なんか尻に敷かれてるなぁ～」

5 犯人と事前確率

「熊田は黙ってろって。あ、わかりました」

「じゃあ、始めますね。えーと、まず犯人の疑いがあるのは4人でしたよね。で、この4人の誰が犯人でもおかしくないとすれば、それぞれが犯人である確率はごく単純に 1/4 を割り振ればいいんです」

「え〜と、これでいいですか？」

$$(勝本) = (藤原) = (竹村) = (庄司) = \frac{1}{4}$$

「(勝本) というのは、勝本さんが犯人である可能性、すなわち確率を表していると考えてください。これで4人の誰が犯人であってもおかしくないことが表されているのです」

「こうやって改めて名前を挙げてみると、確かに4人ともそんなことをしそうには思えないんだけどなぁ」

青ざめた表情をしている真央さんをなぐさめるかのように熊田が呟いた。

「で、仮にですけど、いま新たに情報が入ってきて犯人は男だと判明したとしましょう。この場合、勝本さんが犯人である確率はどうなるでしょうか？」

「男は勝本と藤原の2人だけなんだから、単純に 1/2 じゃないかな」

「書いてみましょうか」

乱子は立ち上がると文太からマーカーを受け取りホワイトボードに向かった。

$$(勝本 \mid 男) = \frac{(勝本) \times (男 \mid 勝本)}{\left\{ \begin{array}{l} (勝本) \times (男 \mid 勝本) + (藤原) \times (男 \mid 藤原) \\ + (竹村) \times (男 \mid 竹村) + (庄司) \times (男 \mid 庄司) \end{array} \right\}}$$

「分子にある (勝本) は事前確率で勝本さんが犯人である確率で

す。また (男 | 勝本) は勝本さんが男である確率です。

それから竹村さんと庄司さんは女性なので「男性である」確率はそれぞれ 0 になります。この右の式で分母は、すべての容疑者について男であって犯人である確率を足していることに注意してください。実際に計算してみます」

$$（勝本 | 男） = \frac{\frac{1}{4} \times 1}{\frac{1}{4} \times 1 + \frac{1}{4} \times 1 + \frac{1}{4} \times 0 + \frac{1}{4} \times 0}$$
$$= 0.5$$

「確かに 1/2 になりますね。で、こういうふうに事前にわかっていた確率と、その後で得られた情報とを組み合わせて計算し直した結果を**事後確率**といいます」

「（勝本 | 男） = 0.5 の部分が事後確率ということでしょうか」

「なんか計算の式はややっこしかったけど、結果は当たり前ってな感じだな。普通に割合を求めればいいんじゃない？」

「そうですね。では、ちょっとこの事件の件は離れて、こういう問題を考えてみてください」

> あるブラック企業では各部署の離職率を調べて査定をしている。さて経理部門では昨年度は 5 人採用したが、今年は 1 人も退職していない。経理の離職率は 0 とみなしてよいか。

「なんか、たまたま誰も退職しなかった感が拭えないな」

「ブラックだとすれば、会社で無理やり引き止めているということがあるのかもしれません」

「二項の会社は大丈夫か？」

5 犯人と事前確率

「一応、うちは週休2日だし、残業も週1回あるかないかだから、ブラックってことはないよ。あ、まあ給料は安いんだけど」

「話を戻しますと、割合を調べようにも離職者は0人ですから、そもそも割り算ができません。ただし、ここで情報をひとつ加えます」

> なおこのブラック企業全体での離職率は4割強とする。

「うわ、乱子さん、メチャクチャ離職率高いですね、この会社！異常ですよ」

「そうすると、この会社の経理部門の離職率だけ0％と考えるのはおかしくないでしょうか？」

「真央さんのいうとおりです。こういうケースであれば、経理部門での昨年度の実績と、この会社全体の離職率を合わせて検討すべきです」

「結局、経理部の離職率はどうなるの？」

「えーと、そうですね。ここで経理部の離職率をベイズの方法で推定するためには、もう少し勉強が必要なので、それについてはまた今度にしましょう」

「難しいんだ」

「いえ、そんなことはありませんけど、順を追って説明したいと思いますので」

「私宛ての嫌がらせメールについても、やはり事前確率とデータを使って推定していくという作業になるのでしょうか」

「えっと、とりあえず、あたしにもそのメールを見せてもらえませんか？」

「もちろんです」

真央さんがテーブルの上のノートパソコンを乱子に向けた。乱子

はディスプレイを見て、顔をしかめた。

「これは確かにひどい……」

「スパム判定の方法を応用して、誰が書いたか特定できないでしょうか？」

「単語の出現頻度で誰が書いたかを特定できるかな……」

「無理でしょうか……」

真央さんが泣きそうな表情をしたのを見て、二項が口を挟んだ。

「と、とりあえず、メッセージのコピーを預かってもいいですか。後でゆっくり検討してみたいと思います。もちろん、乱子さんと僕の2人が閲覧するだけですから」

文太がUSBを差し出そうとしたところで、突然ドアが開いて年配の眼鏡の男性が入ってきた。真央さんがあわてて立ち上がり挨拶をする。

「賑やかですね」

男性は乱子と二項を遠慮会釈なくジロジロと眺め回している。

「この人は私の知人で私立東慶学園高校2年生の正規乱子さんです。そのお隣は彼女の、その、お兄さんです。今日は、その、あの、乱子さんが心理学に興味を持っているそうで、心理学とはなにかを説明していたのです」

「ああ、なるほど。ご苦労様です。ところでですね、真央さん。新しいプロジェクトを立ち上げますので、来週、時間を空けておいていただこうと思って、都合の確認に来たのです」

「はい、来週も毎日、午後に研究室に来る予定です」

「そうですか。それでプロジェクトというのは、例の昆虫にちなんだものですよ」

「地元の小学生が偶然発見したとかいう希少種の昆虫のことですか？」

「はい。せっかくの地元の発見なので、これを使って町おこしを

企画したいって役所がいってきたんです。体育の先生たちはその昆虫をイメージした昆虫音頭を創作するそうですので、我々は昆虫をモチーフにしたクッキーでも作ってはどうでしょうか？」

「はい……」

男性は昆虫クッキーなるものの構想をしばらく熱心に真央さんに指示したかと思うと、さっさと出ていってしまった。

「クッキーと心理学って関係あるんですか？」

「いいえ、直接は関係ありません。地域貢献の１つです」

真央さんが苦笑いしながら答えた。

「驚かれるのは無理もありませんけど、いまの大学って地元のこういう要請は積極的に引き受けるようにいわれているんです」

「昆虫クッキーですか。昆虫の型を取ったクッキーって、そのままだと、なんだか見た目気持ち悪そうですね」

乱子は、そのクッキーを想像しようとしているのか、顎に指先をあてて眉根を寄せた。

「あの先生が嫌がらせを送ってきている可能性はないのですか？」

「いえ、それはないと思います。あの先生、基本的にパソコンが苦手ですので、とてもこんなに長いメッセージを入力できるとは思えません」

「え、そうなんですか？　大学の教授ってのはパソコンもバリバリ使えるのかと思っていました」

「もう、あの教授ぐらいの年齢になると自分では論文書かないですから。ほとんど共著で、実質は私たちが書くんです」

「あ〜、そうかぁ、羨しいなぁ。俺も早くそういう身分になりたいわ」

「なにいってんだ、熊田！　お前はまず統計の勉強をすべきだろが！！　話を戻して、それではメッセージを預かっていきます。このUSBにコピーしてくれませんか？　あ、このUSB、ちゃんと

ウィルスチェックしてありますから、安全ですよ」
　真央さんはうなずいて USB を受け取ると自分のパソコンに差し込み、パソコンからメッセージをコピーし始めた。

6　弁当屋の新メニュー

「で、こうしてメッセージを全部預かってしまったわけですが……」

「とにかく、どれも長いんだよね！　もういい加減にしてくれって感じ！！　犯人がかなり執拗で陰湿な人だとはわかるけど」

「しかし、預かったものの、どうすればいいんですかね」

二項は自分のパソコンに表示したメッセージを眺めながら、こぼした。

「呆れた。まずはメールのスパム判定の方法をなぞってみれば？」

「といわれても、実は僕も詳しくはないんですけど。そもそも、どんな仕組みなんでしたっけ？」

「え、そこから？」

「お願いします」

「それじゃあ、簡単に。まず迷惑メールの文面にありがちな単語ってあるよね、『出会い』とか『無料』とか……」

「でも、『無料』なんて単語、普通のメールでも出てきますよ」

「もちろん『無料』という単語が文章中に含まれているからといって、ただちに迷惑メールに分類されるわけじゃないけど。具体的に説明すると、いま1通のメールを受信したとして、この段階では、このメールが迷惑なのかどうかわからない。だけど、過去のデータからごく一般的な傾向はわかっているとするわけ。例えば、世の中のメールの90％は迷惑メールで、残り10％が通常のメール

であるとか」

「僕、そんなに迷惑メール来ないですけど」

「それ、そのメールアドレスを使っている期間がまだ短いとか、あるいはメールソフトが勝手に迷惑分類して隠してくれているだけとか……」

「あ、なるほど。迷惑メールって多いんですね。で、その割合が事前確率ってことになるわけですか？」

「そう。で、あるメールを読むと、『無料』という単語が使われていた。で、ここでも過去の受信メールのデータベースを参照したとする。調べると迷惑メールの場合は約75%に『無料』が使われていて、通常のメールでは約20%に使われていることがわかったとする」

「ちょ、ちょっと待ってください。書いて整理させてください。ああ、これが条件付き確率になるんですね」

メールで「無料」という語が使われる割合

メール	「無料」あり	「無料」なし
迷惑	0.75	0.25
通常	0.2	0.8

「そう。で、いま『無料』という単語が含まれていたので、事前確率と合わせて、『無料』という単語が含まれていて迷惑メールである事後確率はこう計算できる」

$$(迷惑 \mid 無料) = \frac{(迷惑) \times (無料 \mid 迷惑)}{\left\{\begin{array}{l}(迷惑) \times (無料 \mid 迷惑) \\ + (通常) \times (無料 \mid 通常)\end{array}\right\}}$$

$$= \frac{0.9 \times 0.75}{0.9 \times 0.75 + 0.1 \times 0.2}$$

$$= 0.9712\cdots$$

6 弁当屋の新メニュー

「これは『無料』という単語があって迷惑メールである確率ですか？　めっちゃ高いですね」

「一方、『無料』という単語が含まれているけれども、通常のメールである確率はどうなるかというと……」

$$
\begin{aligned}
(通常 \mid 無料) &= \frac{(通常) \times (無料 \mid 通常)}{\left\{\begin{array}{l}(通常) \times (無料 \mid 通常) \\ + (迷惑) \times (無料 \mid 迷惑)\end{array}\right\}} \\
&= \frac{0.1 \times 0.2}{0.1 \times 0.2 + 0.9 \times 0.75} \\
&= 0.0287\cdots
\end{aligned}
$$

「ほぼ 0.03 ですね」

「結局、あるメールに『無料』という言葉が含まれていれば、そのメールが迷惑である事後確率は約 0.97 で、通常メールである確率は約 0.03 だとわかる。この 2 つの確率にもとづくなら、このメールは迷惑メールだと判断されてしかるべきよね？」

「ああ、なるほど」

「もっとも、スパム判定では単語 1 つだけで判断したりしない。複数の単語を使って事後確率をどんどん更新して判断するから」

「よし、それじゃあ、さっそくこの方法を真央さんのメールにあてはめてみましょう」

「どういう単語をチェックすればいい？」

「は？」

「いや、だから、この犯人を特定するために有効なキーワードってなにかって聞いてんの。迷惑メールの判定じゃあるまいし、『無料』とかの単語を探しても意味ないでしょ」

「なんなんでしょうね？」

二項は改めてメールを眺めた。

「『ポスドク』とかかなぁ」

「なにポスドクって？」

「大学院の博士課程を出て、研究関係の仕事に就職するまでの間のフリーな状態を指す言葉ですよ」

「それって、要するに無職ってこと？」

「期限付きだけど大学とか研究所で働いている人も指しますから、ポスドクの人がみな無職というわけではないです」

「真央さんてポスドクなわけ？」

「違いますけど、要するに、この先、大学院を出てもお前はいつまでもポスドクのままだという嫌がらせなんでしょう」

「研究者になるのもほんと大変ね。うちは弁当屋でよかったかも……。売り上げが伸びると、店や事業を広げたりで展望もどんどん開けてくるし……」

「え、乱子さん、お店継ぐ気はさらさらないっていってませんでしたか、以前？」

「まあね。最近はちょっと違ってきたかも……。まっ、その話はこっちに置いといて、っと……。えっと、迷惑メールの話に戻すと、あと、疑わしいという4人が書いた文章もデータとして必要なんじゃないの？　比較しようがないじゃない」

「あ、そうですね。聞いておきます」

「その前にベイズ統計について一通り仕込んでおいてあげるから、次回は文太1人で行ってよ」

「え？　乱子さんはもう帝都大学まで行くのは嫌なんですか？」

「八王子遠いし。それに、なんかもう飽きちゃったし。あたしの話をしっかり聞いておいて、そのまま真央さんのところで披露すればいいじゃない。だから、さ、メモの用意！」

「はぁ。しかし、今日は店長にお店の売り上げ報告をしないといけない日なわけですが」

「店長は隣の厨房でまたわけのわからないメニューを開発してい

るから、へたにあっちに行くと、また味見させられちゃうよ」
　そういえば、先ほどから酸っぱいような、それでいてどこか懐かしいような、心地よい匂いがスタッフルームに充満していて、朝からなにも食していない空っぽのお腹が、いまにもクウーンと甲高い悲鳴を上げそうだった。あー、腹減ったなあ〜。店長、なに作ってんだろう？　店長の試作品、相変わらず発想はヘンテコだけど、味に関しては、ここんところ外れないもんな。今日も試作弁当を2,3個は平らげるつもりで昼抜きで来たんだけど……。ここで中座なんぞした日にゃ、乱子さん、せっかく教える気満々なのに、カンカンになって怒るわな。お前になんか2度とベイズ教えてやんない、いや、2度と店の敷居をまたぐな、か……。参ったな……。
「ちょっと、文太！　なにボーッとしてんのよ？　人の話、ちゃんと聞いてんの？」
「あ、いえ、相変わらず店長は秘伝の米酢と格闘中なんですね。なんでしたっけ、黒酢酢豚弁当でしたっけ？」
「あれはもうすっかり完成して、すでに店頭メニューの筆頭にあがってるよ、店長イチ押しとしてね」
「あっ、あれは珍しく相当イケてましたからね。僕も結局4,5回は味見させられましたが、黒酢をメチャクチャたっぷり使っているわりには全然ツンとしたりせずに逆にとてもまろやかな味わいでしたから。店長にしてはほんと久々のヒット作になるんじゃないですかね。で、ネーミングはどうなったんです？」
「無敵の黒！　黒の5乗艦隊丼—鹿児島県産黒酢黒豚葛粉揚げ黒酢あんかけ黒酢黒米」
「は？　やけに長ったらしいネーミングですね。黒の5乗って一体どこから出てきたのでしょう？」
「黒酢で味をつけた黒米ごはんに黒酢漬けの黒豚に葛粉をまぶして揚げたのを乗せ、その上から黒酢あんをかけてるってそれだけの

ことで、要するに黒が5回登場するから5乗なんじゃないの、多分」

「え、でもそれならば黒の5隻艦隊丼じゃないですか？　どうでもいいかもしれませんが」

「単なる足し算じゃなくて、黒による相乗効果をアピールしたいんじゃない？」

「確か前に聞いたときには『カラフル野菜の黒酢あんかけ』っていう部分があったような……」

「ただ単に黒1本で攻め込みたかったんじゃないの？　なにしろ無敵の黒っていうくらいだから。で、現在は、原料白米100％っていう黒くない方の米酢と格闘中」

「今度も丼？」

「いや、今度は変わりダネのお寿司のいろいろなバリエーションを次から次へと試作してる。さっき厨房をのぞいてみたら、まだまだ先だけど敬老の日スペシャルとして、おじいさん、おばあさんを模したちらし寿司を作製中で、おじいさんの薄くなった頭髪を酢漬け燻製イカの割いたもので表現しようとして四苦八苦してた……」

「あの乱子さん、店長の話はもういいですから、そろそろベイズ統計の手ほどきをお願いできませんか」

「そう、それじゃ文太は、店長を見習って米酢(こめず)ならぬ米酢(ベイズ)と格闘する覚悟があるってことね」

「はい。今日は乱子さんに売上報告をしたということにして、ベイズの講義をおとなしく拝聴させていただくことにします」

　二項はすっかり観念して試食を諦め、パソコンの横に置いていた資料をテーブルの脇に押しやると、乱子がホワイトボード上に書き始めた数式を粛々とノートに書き写し始めた。

7 やる気の条件付き確率

「というわけで、研究室のメンバーである 4 人の文章が必要なんです。あと、どういう単語をチェックすればいいのかも教えてください」

「毎週、律儀に大学まで来てくれるところを見ると、お前、大学生活が懐しくなったんじゃねぇか」

このところ毎週のように土曜日に母校を訪れている二項を熊田がからかった。

「お前がどうしてもというから付き合ってやってんだろ？ あとで僕、それから乱子さんに対する正当な報酬請求をさせてもらうからな」

「わかっているって。ところで、あの女子高生、乱子ちゃんだっけ？ すごい女の子だな。美人だし、頭脳明晰だし、天は二物を与えたもうたか！ って、お前の彼女というわけじゃないんだろ、まさかな？」

「彼女のわけないだろ、乱子さんはうちの会社の大切なお得意さんだよ。お店の売上とかを管理させてもらっている。最初は僕の方が彼女にデータ分析を教えていたんだけど、いつの間にか立場が逆転してしまって。知り合った頃は数学ホゲホゲのトホホだったのに、たった 1 年やそこらでみるみる実力をつけてきたんだ。特に今年に入ってからこの半年間での進歩はめざましいよ、ほんと、圧倒されるよ」

「数学の成績がホゲホゲのトホホだったって？　あの乱子ちゃんが？」

「そうだよ、大の数学嫌いを自慢してたぐらいだよ。それがいきなり数学や統計に目覚めて、本を買い込んではむさぼり読むようになって……」

「いまじゃ、すっかり文太のはるか上をいくようになったってか……」

「いまの世界で数学がどんだけ重要なのか思い知ったらしくって。で、本の中身を読んだ端からどんどんすべて吸収してしまうんですね」

「海綿みたいですね」

「まったくそう、海綿みたいに。って、海綿って要するにスポンジと同じように使うやつですよね。確かに、あの吸収力にはとてもかないません。僕としては、契約を打ち切られることのないように、僕にできることを誠意をもって全力投球でやっていきたいと思っているんです」

　無意識のうちに心情を吐露してしまい、二項は自分でもハッと驚いた。乱子が自分を頼りにしているといってくれたこともあった。でも、それはもう 1 年以上も前の話だ[1]。その後、立場は逆転し、いまとなってはいつ契約解除をいい渡されても不思議ではない。そんな一抹の不安がふっと言葉になってでてきたのだろうか。

「……」

---

[1] あるとき「正規屋」の店主から乱子が家を飛び出して行ったとの連絡をうけた文太は、直ちに店に駆けつけ事情を聞くやいなや高台の公園まで探しに行ったことがあります。桜の花びらがはらはらと舞い落ちる中、文太と乱子は二人してブランコをこぎながらあれこれと話をします。ほんの束の間でしたが互いに心を通わせ語り合う中で、乱子が文太に頼りにしていいかと問いかけ文太はそれを真正面から受け止めます。詳しくは『とある弁当屋の統計技師（データサイエンティスト）—データ分析のはじめかた』をお読みください。

「……」

さすがの熊田も黙りこくってしまい、いつもは如才ない立ち振る舞いの真央さんまでもなんだか戸惑ったような表情でこちらを見ている。

「二人ともそんな神妙な顔しな……」

「大丈夫ですよ」

真央さんのあったかみのある声が二項の心を包み込んだ。

「大丈夫ですって。なんとなくですよ、なんとなくですけど、私には二項さんがいるから乱子さんはあんなに数学頑張っていられるんだと思えます。乱子さんにとって二項さんは必要なんです。だから二項さんは乱子さんが必要とするときにそばにいてあげればそれでいいんじゃないでしょうか」

真央さんの優しい言葉に二項は救われ、再び場の雰囲気がやわらいだ。

「あの、うちの研究室が毎年出している論文集に、他の4人の論文も載っています。まだ4号までしか出版されていないので、4人それぞれ4本ずつしかないのですけど。それでよろしいでしょうか」

「はい。でも、できればPDFだとありがたいんですけど。PDFなら文章をデータとして抽出できますから」

「わかりました。すぐ準備します」

「ところで、ベイズってのは掛け算と割り算ってことだな」

「掛け算と割り算？」

「そうだろ？ 前もって決めた確率と、データが得られる確率の掛け算が、なんだっけ、事後確率だっけ」

「そんなに単純なのでしょうか？」

真央さんが二項に論文のPDFファイルを保存したUSBを渡しながら尋ねた。

「いや、原理的には熊田の指摘は間違ってないみたいですよ。ただ、確率モデルがもう少し複雑な場合だとベイズの式も複雑になってしまうようですけど」

「なんだよ、確率モデルって。またまた難しそうな言葉じゃねぇか」

「確率モデルというのはデータが生まれる仕組みってことかな」

「うわっ、わかんねぇ〜」

「抽象的すぎてよくわからないです」

「そうですね。例えばコインを投げて表が出る仕組みってどう考えますか？」

「え、そういわれても……」

「表が出るのも八卦、裏が出るのも八卦ということなんじゃねぇの？」

「熊田くんがいっているのは、コインは表が出るのも裏が出るのも $1/2$ の確率だということですか？」

「そうですね。厳密にいえばコインの表と裏では刻印が違うので、本当に表と裏それぞれが出る確率がそれぞれきっちり $1/2$ かどうかわからないですよね。それからコインを投げるのが、台風の日で強風が吹き荒れている野外なのか、嵐をおして出港した大型客船の客室内なのかってことも本当は考慮されるべきですよね」

「そんな細かいことをいいだしたら、わけがわからんことになるんじゃないのか」

「だから、そういう細かいことも最初は検討すべきなんだけど、現実に政府によって発行されたコインを、こうして教室の中で投げるという状況であれば、コインの表と裏はそれぞれ $1/2$ の割合でどちらかが出ると考えていいですよね」

「まあ、そうだな」

「これはコイン投げをして結果を得るということをモデル化した

ことになるんだよ」

「モデル化とな……」

「そして、コインを1回投げると表が0.5の確率で出るか、裏が0.5の確率で出るかのどちらかであるというふうに確率を使うのが**確率モデル**なんだよ」

「それって重要なのか？」

「データの分析では必ず確率モデルを立てるって乱子さんから聞いた。確かにコイン投げのような比較的単純な問題であれば、データが得られる仕組みを表現するのも難しくはないよ。でも、例えば国民の投票行動とか、ある品物が売れる仕組みをモデル化して考えるのは簡単じゃないよ」

「やっぱり具体例で考えてみないと難しいですね……」

「じゃあ、ちょっとやってみましょうか？　例えば熊田の『やる気』を、早朝の授業に出席するデータから推測するために、確率モデルを立ててみましょう」

「俺、文系の院生だから、授業なんか、もう出なくていいんだが」

「どういうことでしょうか？」

「熊田の研究に対する『やる気』の度合いをベイズの方法で推定してみましょう」

「なんだよ、それ」

「たとえだよ、たとえ。もちろん、人のやる気というのはムラがあって、季節あるいは体調なんかも重要だと思います。本来はこういう要素も考慮した上でモデル化する必要があるわけです」

「それは、とても難しそうですね」

「ええ。でも僕が熊田と付き合ってきてわかったことは、こいつはものすごく単純な人間だってことです」

「お前、俺にけんか売っているのか？」

「で、熊田に関する限り、やる気に季節も体調も関係なく、常日

頃からまったく変化しないと仮定できます。つまり、熊田のやる気はいつも同じです。問題は、そのやる気をどうやって数値で表すかです」

「数値で表現するのですか」

「ええ、確率で表現しようというわけです。一番単純なのは、熊田のやる気をコインの表裏と同一視することです」

「俺のやる気は金で買えるということかよ」

「誰もお前のやる気を買おうなんて思っていないよ。コインの表に相当するのがやる気のある状態、裏はやる気のない状態と考えるんだよ。問題は、熊田にやる気があると判断できる確率ですね。

実際にやってみましょう。まず熊田がやる気のある状態を『ヤル男』と、全然やる気のないダメダメな状態を『ダメ男』と表現します。で、ある日の早朝の講義に熊田が出席したというデータから、熊田が『ヤル男』である確率を推定しようというわけです」

「出席してきたということは、やる気があるということじゃないでしょうか？」

「いや、真央さん、その話題にのるの？　俺、気が悪いからさ、もうそれやめてくんない？」

「やる気がなくても、徹夜明けで腹も減ったので大学に出向いてしまって、たまたま授業に出席してしまうこともあるかなと」

「俺の抗議、がん無視かよ」

「では、まず熊田の今学期の状態ですが『ヤル男』と『ダメ男』のいずれかである確率を（ヤル男）と（ダメ男）と表記しましょう。さて問題はそれぞれの確率ですが、コインにならって、それぞれの確率を半々としておきたいと思います」

7 やる気の条件付き確率

熊田の『ヤル男』度の確率

朝起きた際の気分	確率
（ヤル男）	0.5
（ダメ男）	0.5

「勝手に確率を割り振ってしまっても問題ないのでしょうか？」

「とりあえず、ですよ。これから実際にデータを取って、確率を確認し直していくわけです」

「ああ、それでベイズなのですね」

「では条件付き確率を検討します。やる気があるときに実際に授業に出る確率を（出席｜ヤル男）で、ダメダメな気分だけどそれでもなんとか出席する場合は（出席｜ダメ男）です。欠席の場合も同じように表記します」

条件付き確率

	講義に出席	講義に欠席
ヤル男	（出席｜ヤル男）	（欠席｜ヤル男）
ダメ男	（出席｜ダメ男）	（欠席｜ダメ男）

「で、これが実は確率モデルのキモになるんですが、この条件付き確率に具体的な数値を割りあてます。これは僕が学生時代に熊田と付き合ってきた経験から判断します」

条件付き確率：具体的な数値をあてはめる

	講義に出席	講義に欠席	確率合計
ヤル男	（出席｜ヤル男）= 0.95	（欠席｜ヤル男）= 0.05	1.0
ダメ男	（出席｜ダメ男）= 0.5	（欠席｜ダメ男）= 0.5	1.0

「『ヤル男』であっても、電車の遅延などが原因で授業に出席できないことがないとも限らないので、一応 0.05 という確率を振っ

ています。また『ダメ男』の場合でも、必ずしも欠席するとは限らず、腹が減ったので大学に行ってみたところ学食とまちがえて教室に入ってしまって、居眠りしたりぼんやりしたりして過ごすなんてこともありえます。まあ、ヤル男状態であれば、高い確率で出席し、ダメ男状態であれば、出席するか欠席するかどっちともつかないという、僕の過去データに照らした状況を確率という数値を使って表してみました。横の合計がそれぞれ1.0になっているのに注意してください」

「これが確率モデルで表現するということですね」

「とっても簡単ですけど、そうです。さて、ここで、とりあえず熊田が学期最初の授業に出席したとします。この結果を受けて、熊田が今学期『ヤル男』である確率を求めます」

「うん? 逆に考えるってことか?」

「つまり事後確率を求めます。式で書くと (ヤル男 | 出席) です」

$$(ヤル男 | 出席) = \frac{(ヤル男) \times (出席 | ヤル男)}{\left\{ \begin{array}{l} (ヤル男) \times (出席 | ヤル男) \\ + (ダメ男) \times (出席 | ダメ男) \end{array} \right\}}$$

二項がホワイトボードに式を書いた。途中、何度かマーカーの動きが止まり、そのたびに熊田から「乱子ちゃんに電話して聞いたらどうだ」とヤジが飛んだ。

「この式に具体的な数値をあてはめてみます」

$$(ヤル男 | 出席) = \frac{0.5 \times 0.95}{0.5 \times 0.95 + 0.5 \times 0.5}$$
$$= 0.6551\cdots$$

「熊田が今期『ヤル男』である事後確率は 0.6551 ⋯ と求められます」

「この事後確率というのはどういう意味なのでしょうか?」

7 やる気の条件付き確率

「最初は、熊田が『ヤル男』か『ダメ男』は五分五分と仮定しました。事前確率です。ところが熊田が1回出席したというデータが得られたので、熊田の『ヤル男』度は約66％と考え直されたわけです」

「よし、『ヤル男』である度合いが上がったぞ」

「これ、もう少し数学風に書いてみます。ここで『ヤル男』状態と『ダメ男』状態を、それぞれ θ_1、θ_2 と表します。θ はシータと読むギリシャ文字です。もっとも、ここでは『ヤル男』か『ダメ男』の2通りの可能性しかなくて、かつ確率の合計は1と決まっているので $\theta_2 = 1 - \theta_1$ となりますけど。

それから出席したという結果を y と書きます。ついでに確率であることを $P()$ で表します。すると、さっきの式はこうなります」

$$P(\theta_1 \mid y) = \frac{P(\theta_1) \times P(y \mid \theta_1)}{P(\theta_1) \times P(y \mid \theta_1) + P(\theta_2) \times P(y \mid \theta_2)}$$

「ここで θ の右下に小さく数字が付いてますよね、これは添字といって、ここでは1か2になります。ヤル男である確率かダメ男である確率のどちらかです。この式はベイズの入門書なんかではこんなふうに書かれてもいます」

$$P(\theta_1 \mid y) = \frac{P(\theta_1) \times P(y \mid \theta_1)}{\sum_{i=1}^{2} P(\theta_i) \times P(y \mid \theta_i)}$$

「この分母の Z みたいな記号はなんだっけ？」

「ギリシャ語アルファベットのシグマ、合計を表す数学記号だよ。i は1から2まで変化する。つまり $P(\theta_i) \times P(y \mid \theta_i)$ の i に1を入れた場合と2を入れた場合のそれぞれを足し合わせるという意味。結局ひとつ前の式と同じになるよ」

「確かに高校で習った記憶はある。完全に忘れていたけどな」

「文系の人はみんなそんなもんだよ。で、ここからが大事なんですけど、続く2回目の講義に熊田は欠席したとします。この場合、

7 やる気の条件付き確率

熊田が『ヤル男』である事後確率を改めて計算するにはこうします」

$$(ヤル男 \mid 欠席) = \frac{(ヤル男) \times (欠席 \mid ヤル男)}{\left\{\begin{array}{l}(ヤル男) \times (欠席 \mid ヤル男) \\ + (ダメ男) \times (欠席 \mid ダメ男)\end{array}\right\}}$$

$$= \frac{0.6551\cdots \times 0.05}{0.6551\cdots \times 0.05 + 0.3449\cdots \times 0.5}$$

$$= 0.1596\cdots$$

「この確率はどういう意味になるのでしょうか?」

「2回目欠席した場合に、熊田が『ヤル男』と判断できる確率です」

「随分と下がったなぁ」

「もともと、やる気があるならば出席率は高いはずって想定だから、一度でも欠席してしまうと『ヤル男』である確率はぐっと下がるんだよ」

「で、この計算で特徴的なのは、1回目の計算で熊田が『ヤル男』である事後確率が0.6551…と求められたわけですが、2回目はこの0.6551…を熊田が『ヤル男』である事前確率に設定したことです。新しい事前確率を使って事後確率を求めたわけです。ここにベイズ統計の特徴があるというお話でした」

「普通の統計学ではそうしないんでしょうか?」

「伝統的な統計では、仮に事前に熊田の『ヤル男』度が0.5であるという情報があるならば、合計2回分の出欠データが『ヤル男』度0.5と矛盾しないかどうかを検定する方向で考えるのではないかと思います。つまり、本当に『ヤル男』である確率が0.5であったのかを確認しようとするんじゃないでしょうか? 0.5と比べて有意に差があるかないかを検定するってやつですね」

「そういえば、私も検定をする際は有意かどうかを確認している

だけですね」

「ちなみに、1回目出席、2回目欠席という結果をまとめて計算するなら、こんな感じになります」

$$(ヤル男 \mid 出席、欠席)$$
$$= \frac{(ヤル男) \times (出席 \mid ヤル男) \times (欠席 \mid ヤル男)}{\left\{\begin{array}{l}(ヤル男) \times (出席 \mid ヤル男) \times (欠席 \mid ヤル男) \\ + (ダメ男) \times (出席 \mid ダメ男) \times (欠席 \mid ダメ男)\end{array}\right\}}$$
$$= \frac{0.5 \times 0.95 \times 0.05}{0.5 \times 0.95 \times 0.05 + 0.5 \times 0.5 \times 0.5}$$
$$= 0.1596\cdots$$

「結果は先ほど得られた数値とまったく同じになりました。いいですか。それでは、もう少し続けましょう。今度は3回目の授業です。熊田は3回目の講義も欠席しました」

「もう、さんざんないわれようだな」

「多分、もう想像が付くと思いますが、2回目に欠席した結果として求められた『ヤル男』度の事後確率を、3回目は事前確率として使います」

$$(ヤル男 \mid 欠席) = \frac{(ヤル男) \times (欠席 \mid ヤル男)}{\left\{\begin{array}{l}(ヤル男) \times (欠席 \mid ヤル男) \\ + (ダメ男) \times (欠席 \mid ダメ男)\end{array}\right\}}$$
$$= \frac{0.1596\cdots \times 0.05}{0.1596\cdots \times 0.05 + 0.8404\cdots \times 0.5}$$
$$= 0.0186\cdots$$

「すごく小さくなりましたけど……」

「まあ、友人として請け合いますが、熊田の本性はこんなもんです。この件に関しては想定した確率モデルが熊田の『ヤル男』度をうまく説明しているといっていいんじゃないでしょうか。ただ、一

般にはデータを説明するのに、より適切なモデルがあるのじゃないかという考察を続けるべきです」

「まあ、俺としてはなにをいわれようと、これで真央さんのベイズ統計攻略に貢献できたのであれば、本望だわ」

「いや、実は、ここからが本番なんだよ」

「なんだよ、これ以上まだ勉強することがあるのかよ」

「そうなんだけど、ちょっと僕には無理だから、次回はなんとか乱子さん自身に来てもらって直接説明してもらえるよう頼むよ。それでは4人分の論文データ、確かに預かりました」

8　論文と研究とケーキ

「PDF よりも紙で欲しかったかも」

　いつものように弁当屋のスタッフルームで、テーブルに置かれた二項のパソコン画面を眺めながら乱子が文句をいった。

「だってデータとして分析するわけですから。紙媒体だとわざわざ再入力しないといけないじゃないですか」

「PDF って読みにくいじゃん」

「意外に年寄りくさいですね。というか、読むつもりなんですか？」

「読まなくていいの？」

「いや、僕らの目的は論文の文章からデータ的に特徴を引き出すことですから。わざわざ読まなくてもいいでしょう？」

「『近接関係の程度による男女の距離感の統計的分析と提案』とかおもしろそうじゃない」

「そんな論文があるんですか？」

「他にも、『IT ブログにおけるマウンティング症候群』とか『オフィス家具の充実と従業員のやる気の因果関係について』とか、『WEB 業界勉強会の隆盛と衰退についての性格学的考察』とか」

「なんか意味がよくわからないですね。心理学ってやたらと研究対象が広い分野なんですね」

「それがいいんじゃない？」

「乱子さんって、心理学科志望でしたっけ？」

「それは美咲。あたしも心理学科にちょこっと関心があった時期もあるけど、ここ1年は数学にのめり込んでいて、いまでは断トツ数学科志望」

「やっぱりそうですよね。すごいなぁ」

「それより、このデータどうすんの？」

「単語に区切って、それぞれの単語の出現回数を数えます。そうすれば、どんな単語が何回出てきたかがわかります」

「単語に区切るって、どうやんの？」

「形態素解析といって、ソフトを使えば誰でも簡単にできますよ」

形態素解析による単語分割

名詞	名詞	助詞	名詞	助詞	名詞	記号
乱子	さん	は	弁当屋	の	看板娘	。

「そういえば、前に文章を統計的に解析する論文を読んだ記憶がある」

「乱子さん、本当に女子高生なんですか？」

「でも、自分でやり方はわからないけど」

「そんなことを知っている女子高生なんかいないですよ……。論文から単語を取り出して集計するのは僕がやっておきますから」

「それはできるんだ」

「テキストマイニングという分析方法があって、そのためのツールがあるんですよ。前に口コミ分析でやってみたことはあります」

「口コミって、購入者の商品レビューとかそういうやつ？」

「そうです」

「うちもお店とお弁当の感想でも書いてもらってみる？」

「いいかもしれませんけど、ありそうな意見は想像が付きます」

「というと？」

「『店長が開発する日替わり弁当が突飛すぎる』とか、『店長スペ

シャルの当たり外れが大きすぎる』とか、あと『乱子ちゃんをもっと店頭に出せ』とかじゃないですか」
「へっくしょん！！」
　スタッフルームの隣の厨房から大きなくしゃみが聞こえた。二項は苦笑いしながら立ち上がった。
「とりあえず、店長に先月の売上についての報告をしてきますね」

　　　　　🐶　　　🐶　　　🐶

「この前も思ったんだけど、大学ってのは土曜日でもけっこう人がいるもんなんだね」
　乱子が帝都大学の正門からキャンパスの中心部へと延びたメインストリートを歩きながら呟いた。
「最近は土曜日でも授業があったりしますよ」
「えっ？　そうなんだ？」
「文部科学省の指導だかなんだか知りませんが、必ず16回の授業をしないといけないらしいです。だけど先生が出張したりとか、祝日と重なったりとかの関係で、開講日数が足りなくなる授業ってけっこうあるんですよ。そういう授業のために、土曜日も授業の日として確保されているんです」
「大学生ってもっと暇なんだと思ってた」
「それでも文系の学生はやはり暇ですね。3年生や4年生だと毎日アルバイトを入れても支障がないですから。理系の学生なんかは大変ですよ。アルバイトなんかできないでしょうね」
「やだな。なんで理系と文系とでそんなに差があんの？」
「理系は実験がありますから。理系の研究室だと学生は実験そのものだけでなく、実験の準備や片付けなんかにも動員されますから」
「そういう雑用をやってくれる用務員さんとかいないわけ？」

「この国でそんな余裕のある大学なんか、多分ないですよ。中国の大学では実験の準備と後片付けは専門の業者がやってくれるって話を聞いたことはありますけど」

「そうなんだ」

「でも、乱子さんの目指している数学科は実験とかはないでしょうから、もう少し余裕があるんじゃないですかね」

「文太は経済学部だったっけ」

「そうです。卒論のない学部です。4年生になるとゼミ以外に授業はなかったですし暇でしたね。ただ、それでも1年、2年、3年生のときは数学とか必修で苦労しましたけど」

「経済学部って数学がいるの？」

「専攻内容にもよりますけど、必要です。文系だけど数学メチャクチャやらされますよ」

「そのわりには文太、数学さっぱりだよね」

「いまの乱子さんが数学すごすぎなんです。しかもここ1年のことですよ、乱子さんがメチャクチャ数学に強くなったのって。僕だって他の文系学部出身者と比べるとマシな方です、きっと。経済学って、それなりに科学的な方法が重視される分野ですから」

「他の文系学部とは違うってこと？」

「例えば、文学部の知人は映画を研究してました」

「え？　映画を『研究』って？」

「映画を評価することです」

「それって感想とは違うの？」

「その辺の違いは僕にもわかりませんけど。ただ文系の学部だと映画評も立派な研究扱いでしたよ。他に漫画を研究しているって学生もいましたし」

「なんか楽しそう」

「経済学は文系でも積み上げ型の学問なんで、前提として数学と

か経済学とかの基礎知識の蓄積が必要になるんですよ。だから、いきなり『さあいまから経済学の研究をするぞ』ってわけにはいかないです。けど、文学なんかは『いまから夏目漱石を研究します』と決めて、漱石を頑張って読んでから自分の意見を書けば、評価されるかどうかは別として、とりあえず『研究』と主張できるんじゃないでしょうか？」

「へぇ、そう？　文学は文学で、きっときっちり確立したなんらかの方法論があるんじゃない？　文太が知らないだけで。ただ文学作品を読んで感想意見を述べるだけだったら評価のしようがないじゃない。評価の基準がないっていうか、評価する人の主観に左右されるっていうか」

「さあ、どうなんですかね、そこのところは。僕としてはなんともいえませんね。文学専攻の友人はひとりもいませんでしたからね。ただ、教養の講義で受講した文系の先生ってなんか特殊な小説家とか文化を研究してたりする人が多かったですね。でも、そんなマイナーな文化に興味を抱く学生なんかもいないでしょうから、ゼミに来てくれる学生も少なくて苦労していたみたいで、なんか派手な宣伝をしていましたよ。映画とか漫画とかアニメとか、そういうテーマをやりたいという学生も歓迎するとか。そういえば、僕が在学していた頃にいたシェークスピアが専門だという英文学の先生のところなんか中国からの留学生だらけでした」

「え？　中国の人がわざわざ日本に留学して、研究するのがイギリス文学？　ちょっと意味不明なんだけど？」

「さらにいうと、日本にやって来る中国人留学生って、たいてい英語が苦手というか、そもそも英語を勉強しなくていい課程を卒業してたりしますからね」

「日本の大学って、なんか、ちょっと、ヤバくない？」

階段を登り切り、地域共生心理学研究室の隣りにある小会議室に

入った。テーブルの中央にはクリスマスケーキとかバースデーケーキのような豪華なデコレーションケーキが鎮座し、その周囲にはウェジウッドのティーカップとソーサーが並べられていた。

「今日は乱子ちゃんが講師してくれるんだよね」

「お手柔らかにお願いしますね。今日は美味しいケーキを用意していますので、それをいただきながら勉強しましょう」

乱子と二項が椅子に腰掛けると、真央さんがそれぞれの前のカップにお揃いのティーポットから紅茶を注いだ。

「そうだ。真央さん、ちょっと質問させてください。私の親友が心理学に興味を持っているんです」

「やはり女の子ですか？」

「そうです。でも、その子、数学がまるきりダメなんです。そんなんで大丈夫でしょうか？」

「数学ですか？　全然大丈夫です。というか心理学科に数学の得意な人なんていません」

「でも心理学って統計とか使うんですよね」

「使うことは使いますけど。ただ、みんなソフトウェアの機能に頼っているだけで、統計の詳しい知識はありません。それでも、なんとかやっていけますから」

「そうなんですか。じゃあ、そう伝えておきます。ありがとうございます。それにしても、このケーキ、見た目豪華すぎて、ちょっとヤバくないですか？」

「これは六本木にあるいま話題のパティスリーのですよ。オリジナルケーキが美味しいって評判で、独創性に富んだケーキの種類がいっぱいあって、見た目もどれも美しくって目移りしてしまいます。今日のケーキは『ローズガーデン』といって、この色とりどりのバラの花びら一枚一枚、パティシエの手作りなんですよ。もう芸術作品ですよね。見ているだけでうっとりしてしまいます」

「ホント、豪華絢爛ですよね！　真央さん、お店の名前教えてください。あっ、これですね」
　乱子はさっそくスマホを取り出すと、切り分ける前のホールケーキの写真を何枚も撮った。
「さあ、いよいよ切り分けますね。ずいぶん食べ応えありそうですね」
「おお、すごいボリューム感、お皿からはみ出しちゃいそう！」
「おっ、中もすげぇ！　タルトにスポンジにムースに……、何層にも分かれているんだ！」
「それにキウイや黄桃やブルーベリー、フルーツもびっしり……」
　超絶美味なケーキがもたらす幸福感に満たされ、4人はしばし我を忘れた。
「紅茶はまだありますか？　ダージリンですけど、葉を入れすぎたので少し苦いかもしれません」
「さしずめこのケーキはヘブンリーガーデンだな。天国の庭をさまよったんだ。現実の世界に戻るには必要な苦さかもしれないよ、真央さん」
「えっ、なんだって、なんだって、天国がなんだって？　いやいや、恐れ入ったよ、熊田。彼女できるとしゃべるセリフまで変わってしまうんだ！？」
「悪いかよ、文太。悔しかったらお前も早いとこ彼女見つけるこったな。ところで、乱子ちゃん、今日は前みたいに制服じゃないんだね」
「あ、すみません。今日は暑かったので私服で来てしまいました。でも大丈夫です」
　水玉模様のミニワンピース姿の乱子は椅子から立ち上がると、白衣をまとい眼鏡をかけた。
「え、えっ？　一体なんの真似？」

「一応、大学で教鞭を執らせていただくので、体裁を整えさせていただきました」
「？？？」
「大学の先生って、白衣を着てフラスコをもった博士で、眼鏡をかけてるってイメージなものですから……」
「実験系……」
「白衣着てるか？」
「実験室の中では着てるだろ、そりゃ」
「えっへん、みなさん、静粛に願います。それでは時間も限られていますので、そろそろ始めさせていただきたいと思います」
　立ったまま紅茶を飲み干すと、乱子はカップをテーブルの上に置き、ホワイトボードの前に移動した。

9 コイン投げと確率分布

「今日はベイズの定理について整理しつつ、ちょっと補足をします。えーと、この間、文太が熊田さんの『ヤル男』度について事後確率を求める話をしたそうですね。熊田さんにちょっと失礼ですけど、引き続き、この例で説明させていただきますね」

「もう好きにして」

「はい。ありがとうございます。それでですね、出席か欠席のような2通りの出来事を考えるときには決まってコイン投げが引き合いに出されます。こういう2通りの結果しか出ないゲームを確率で表現するにはベルヌーイ分布というのが使えます。数式で書くと、こうなります」

$$f(x) = \theta^x (1-\theta)^{1-x}$$

「もう、いきなりもうイミフですわ」

「x は表か裏のどちらかで、これが表なら数字で1として裏なら0とします。それから f は関数で、この場合は x で表された出来事が起こる確率を意味しています。といってもベルヌーイ分布では $f(x)$ は $f(1)$ か $f(0)$ のどちらかです」

「表と裏、それぞれが出る確率を計算するということでしょうか」

「むしろ、ある確率で表ないし裏が出る出来事をモデル化しているといったほうがいいかもしれません」

「乱子ちゃん、この数字の8みたいなやつ、前にも出てきたと思

うけど、なんだったっけ？」

「それはギリシャ文字で、シータと読みます。θ はコインで表が出る確率を表します。つまり 0 から 1 までの実数になります。例えば 0.1 とか 0.314 とかの小数点が含まれる数値ですね。それから、ここで x は表ならば 1 で裏ならば 0 の 2 通りのいずれかを表す数値ですから、具体的にはこうなります。あ、数値の肩に 0 が乗っていたら、その数は結局 1 になりますからね」

$$f(x) = \theta^1(1-\theta)^{1-1} = \theta \qquad 表の場合 \quad x = 1$$
$$f(x) = \theta^0(1-\theta)^{1-0} = (1-\theta) \qquad 裏の場合 \quad x = 0$$

「そして、文太の説明で『確率』といっていたのを、これからは**確率分布**といい替えます」

「表が出る確率を θ という記号で表しているってことは、俺にもわかるんだけど、『分布』っていう意味がちょっと……」

「分布って、統計の分野では、なにがどれくらいの確率で起こるかを網羅するというか、リストアップするようなイメージです。コイン投げなら、裏か表のどちらかが出るわけですけど、それぞれがどれくらい起きやすいかの一覧表と考えてください。もっともコインの分布は表か裏の 2 通りしかないので、わざわざ『分布』とか、なんか大げさな表現に違和感があるかもしれませんけど」

「なんか数学って言葉が難しいんだよね」

「でも、定義がしっかりしていますから」

「定義って？」

「定義って、言葉の約束ということです。約束ですから自由に設定できますけど、数学では言葉の使い方が他の分野に比べて曖昧さが少ないように思います。例えば『素数』って言葉がありますね。この定義は『1 以外の自然数で 1 とその数しか約数を持たないもの』ということです」

「そうだったかなぁ」

「では、素麺ってなんです？」

「は？ 乱子ちゃん、そこでなんで素麺？」

「熊田さん、素麺ってなんです？」

「そ、素麺って、白くてすんごく細い麺じゃないの？」

「冷しうどんは素麺とは違いますよね」

「あれは太すぎるから」

「ひやむぎとはどう違うんですか？」

「すみません。私、いま Google で検索してみましたけど、素麺は直径 1.3 mm 未満、ひやむぎは直径 1.3 mm 以上、1.7 mm 未満なんだそうです」

パソコンをカチャカチャいわせていた真央さんが口を挟んだ。

「じゃあ、ひやむぎより細いのが素麺かな」

「でも『半田そうめん』っていうのが徳島にあるんですけど、これは太さが 1.5 mm 前後なんです」

「ううむ……。それは例外ってことで……」

「変な追求してごめんなさい。実は半田そうめんは JAS 規格ではひやむぎに分類されるんですよ」

「そうなんだ……」

「でも、ほとんどの人は知らないでしょうし、それでも問題ないですよね。なんの話かというと、あたしたちが日常使っている言葉って実は曖昧で、厳密になにを指しているのかが実は明確でないということが多々あります。でも、数学ではそういう定義はありえません。だから素麺とはなにかについても、数学ならば、JAS 規格みたいに麺の太さを厳密に定めることになると思います。

脱線してしまいましたけど、いろいろな出来事が起こる可能性についても、分布という表現を使って少し厳密に考えてみようってことです。話を戻しますね。今度はコインを 1 回だけでなく、何回

か投げて、裏と表のそれぞれが出た回数を調べるとしましょう。たとえばこういう結果になったとします」

コインの裏表

1回目	2回目	3回目	4回目	5回目
表	裏	裏	表	裏

「これは5回コインを投げて、表が2回、裏が3回出たということです。表か裏かのように2つのうちの1つの結果が得られる出来事を複数回繰り返したときに得られるデータは**二項分布**というツールで検討します。二項分布はこういう式で表現される確率分布です。ここでもθは表の出る確率です」

$$f(\theta) = {}_nC_y \theta^y (1-\theta)^{n-y}$$

「θの右の肩に記号が乗っていることに注意してください」
「なんなの、それ？ 乱子ちゃん」
「ここでnは振る回数でyは表が出た回数を表すための記号です。5回コインを投げて2回表が出たならnは5と置き換えられて、yは2になります」

$$f(\theta) = {}_5C_2 \theta^2 (1-\theta)^{5-2}$$

「それと、二項分布では**組合せの数**を検討する必要があります。さっきの表だと1回目と4回目に表が出ていますけど、2回表が出るパターンて他にもありますよね。例えば4回目と5回目に表が出るとか」

組合せを考える：その他のパターン

1回目	2回目	3回目	4回目	5回目
裏	裏	裏	表	表

「コインを投げて表が2回出る確率を求めるには、こういったパターンがいくつあるのかを調べないといけないです。これを求めるには数学で公式があります」

$$_n\mathrm{C}_y = \frac{n!}{y!(n-y)!}$$

「これは高校のときにならった……はずだな。このビックリマークは……」

「階乗です。例えば5! は $5 \times 4 \times 3 \times 2 \times 1$ ということです。で、これを熊田さんの『ヤル男』度と出欠のモデル化に利用しましょう。いま新学期に始まった授業が今週で5回目を迎えているとして、ここまでの熊田さんの出欠表がこうなっているとします。すると、これがコインを投げた場合と同じだとわかりますか？　つまり、熊田さんの『ヤル男』度と出欠の関係も二項分布でモデル化できそうだってことです」

熊田の出席表

1回目	2回目	3回目	4回目	5回目
出席	欠席	欠席	出席	欠席

「で、文太が説明したケースで熊田さんは、毎朝『ヤル男』か『ダメ男』かのどちらか一方の状態で、そのどららかである確率はそれぞれ0.5で同じだとしました。ここで、それぞれの割合が前もってわからないというケースを検討してみたいと思います」

「『ヤル男』度がなんパーセントあるのかわからないってことでしょうか？」

「そうです。というか、文太のように熊田さんと長い付き合いがあれば、『ヤル男』の度合いについて知識を持っているかもしれませんが、そうでない人には熊田さんの『ヤル男』の度合いは検討もつかないと思います。傍目には、海のものとも山のものともしれない熊田さんの『ヤル男』の度合いは30％とも、50％とも70％とも決めがたいです」

「あの、乱子ちゃん……」

「あ、すみませんね。でも、ただの設定上の都合だと思ってください」

「でも、乱子さん、熊田君の『ヤル男』の度合いが数値として不明となると、計算そのものができないってことになりますよね」

「そう。ちょっとグラフで表現してみます。そして、これからは事前確率のことを事前分布と表現します」

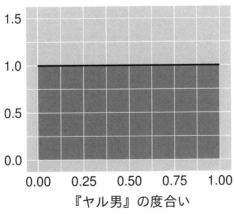

どんな割合でもおかしくない曖昧さを表現

「え〜と、乱子ちゃん、俺、まったくわけわからんですわ」

「この下のX軸が熊田さんの『ヤル男』の度合いに対応しています。これは割合ですから0.00から1.00までの範囲に限定されているのに注意してください。そして縦軸は、その『ヤル男』の度合いがありうる程度を表現しています」

「『ありうる程度』っていうのは、どういうことでしょうか？」

「たとえば、『ヤル男』度は30％ぐらいのことが多そうだけど、10％とか50％とか、あるいは80％ってこともないことはないとか。Y軸の目盛は、それぞれの確率がどの程度ありえそうかに対応しています。

そして、このグラフではY軸が1.0のところでX軸に水平の線が引かれています。これはつまり、X軸のどんな数値に対してもY軸は1.0が対応しているってことです。つまり確率のいずれもが同じ程度にありうるってことを意味しています。これは事前に情報がないことを表しているんです」

「X軸のすべてに対応している1.0ってのは確率のことなんかな」

「いいえ、熊田さん、違うんです。Y軸は確率ではないんです。X軸のすべてについて対応するY軸の値が1.0として、この1.0が確率だと考えるとおかしくなります。X軸の『ヤル男』度は0.00から1.00の間ならば、どんな数でもありうるのですけど、候補は無数にありますよ。その無数にある『ヤル男』度それぞれの確率がすべて1.0なんてことはありえません。確率で考えるのであれば、それぞれの確率を合計したらちょうど1.0になるはずなんです。だからY軸の目盛は確率ではありません。実は、このY軸の横線から下の部分の面積が1.0になるんです」

「乱子さん、これは僕も知っています。Y軸は確率ではなく**密度**なんですよね」

「密度ってなんだよ」

「英語で density」

「英語を聞いてんじゃねぇって」

「だから、さっきからいっている『ありうる度合い』を表す数値だって。密度っていうのは、それぞれの確率の配分率みたいなものだよ。例えば X 軸で 0.3 から 0.5 の範囲を Y 軸の高さ 1 で囲んだ領域は熊田の『ヤル男』度が 0.3 から 0.5 の範囲にある割合だよ。これと Y 軸の数値を使って計算すると面積はどうなる？」

「面積？ ううむ、0.3 から 0.5 の長さは 0.2 だろ。そして高さは 1.0 だから、面積は 0.2 になるな」

「そう。逆に考えて X 軸で 0.3 から 0.5 の範囲の面積が 0.2 になるためには、縦軸の長さは？」

$$0.2 \times ? = 0.2$$

「あ、Y 軸が 1.0 ってそういう意味なのか」

「あらかじめ『ヤル男』である確率がわからない場合、どんな確率でも同じようにありうると考えるんだよ」

「文太のいうとおりです。ベイズでは**無情報事前分布**といいます。次に条件付き確率ですけど……」

「条件付き確率って $p(y|\theta)$ って書いた式でしたよね。お客さんが女性である場合にフルーツ丼を買ってくれる確率みたいな？ でも、この場合はどうなるのでしょうか？ 熊田の『ヤル男』具合、つまり θ の数値に無数の可能性があるけど、具体的にはわからないんですよね」

「文太のいうとおりです。だから、こちらも分布と同じように考えます」

「というと、どうなるの？」

「いまは熊田さんの『ヤル男』度にはムラがあるという考察なんですけど、その『ヤル男』の度合いに確率モデルを想定しました」

「二項分布というのが確率モデルでしたか？」

「はい、そうです。熊田さんの出席欠席は二項分布によって説明されるというモデルですね。それで5回中2回出席したというデータも二項分布で説明できるはずです。これを説明するのに都合のいいパラメータ θ を探すんです」

「パラメータってなんさ？」

「パラメータというのは、いまは具体的にわからないけど、データとかを使って確かめたい数値とかのことです。テストの穴埋め問題とかで空欄になっている箇所みたいなものです」

「どうやって特定するのでしょうか？」

「たとえば5回中2回出席したというデータが得られた場合について考えると、こういうグラフで考えます」

熊田の『ヤル男』度の尤度

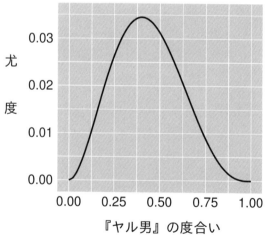

『ヤル男』の度合い

熊田の『ヤル男』度がどれくらいかをデータから推定するのが尤度

「このグラフは、どのように見ればいいのでしょうか？」

「X軸が熊田さんの『ヤル男』の度合い、つまりθだと考えてください。でY軸の高さは、いま手もとにある結果から判断して、X軸の各目盛がどれだけありうるか表しています」

「乱子ちゃん、いま手もとにある結果ってのは？」

「5回中2回出席したという出来事です。そして、このグラフは、この結果にもとづいてX軸のθの可能性を検討しています。Y軸が表現しているのは尤度（ゆうど）という数値です。ちなみに、このグラフだと$\theta = 0.4$のあたりでY軸の数値がもっとも大きくなっています」

「うん、それは俺にもわかる」

「つまり、このグラフから5回中2回出席したというデータが得られている場合、熊田さんの『ヤル男』度θは0.4ぐらいと考えるのが尤（もっと）もらしい、ということになります」

「乱子ちゃん、それって2/5と同じじゃないすか？」

「ええ、実はそのとおりで、結局は普通にあたしたちが計算している割合と同じになります。ただ、考え方としては、こうやって尤もらしい値を調べていることになります。こういう推定を統計学で**最尤推定**といいます。

尤度ではデータを固定して考えます。普通、統計学ではデータは変動するものだと考えるそうです。内閣を支持するかどうかを仮に100人に尋ねる調査を何度か繰り返したとします。すると、調査ごとに『支持する』と答える人数は違ってくると思います」

「うん、うん」

「いい方を変えると普通の統計学では、調査結果の数字に注目していて、この数字は調査のたびにばらつくけれども、何度も何度も調査すれば本当の数字が推測できるようになると考えているんです」

「実際には何回も調査するわけじゃないのに、なんか変な考え方だなぁ」

「ところが尤度の方は、調査の結果はいまあるだけと考えるんです」

「何度も調査するって発想はないの？」

「ないというか、いまあるデータに注目して、この数字に限って、その背後にある確率分布を検討するんです」

「う〜ん、ごめん、乱子ちゃん、俺にはちょっと難しいっす」

「そうですね。話が抽象的ですよね。具体的に考えてみましょう。例えばコインを 6 回投げて 3 回表が出たとします。このコインで表が出る仕組みってどうなっているでしょうか？」

「仕組みっていわれても、コインは表が出るのも裏が出るのも同じ割合というか、確率ってことじゃダメなの？」

「はい。いまコインの表と裏のどちらが出るかは確率的に決まるというモデルを想定したわけです。で、確率はどうなりますか？」

「表か裏のどちらか一方が出る確率ですから 1/2 ではないでしょうか？」

「それは知識に基づいた推測ですよね？　そうではなく、データから推測するんです」

「データから推測するというのはどういうことでしょうか？」

「いえ、簡単です。6 回コインを投げて 3 回表が出たわけですから」

「ひょっとして、3/6 つまり 0.5 でしょうか？」

「そうです」

「知識でわかっていることと一致するじゃん？」

「そうですね。でも考え方は、こうなります。もし表が出る確率が 1/2 ならば、6 回のうち 3 回表が出る確率はこう計算されます」

$$_6C_3 \times \left(\frac{1}{2}\right)^3 \times \left(1 - \frac{1}{2}\right)^3$$

「ええっと、これはちょっと、私にはわからないです……」

「まず $_6C_3$ というのは 6 回投げて 3 回表が出る場合の数のことで

す。表が3回出るとしても、そのパターンはいくつかあるわけなので、そのパターンの数を調べているんです」

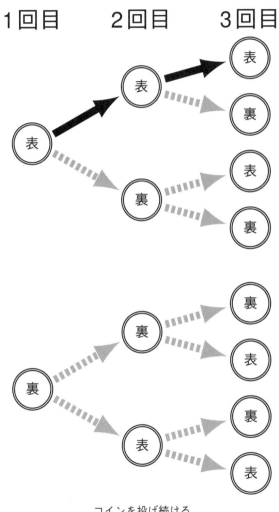

コインを投げ続ける

$$_nC_y = \frac{n!}{y!(n-y)!}$$
$$_6C_3 = \frac{6\times 5\times 4\times 3\times 2\times 1}{(3\times 2\times 1)\times(3\times 2\times 1)}$$
$$= 20$$

「全部は書けませんが、6回投げるとするとこうしたパターンが20個になります。$_6C_3$というのは、これを表す式なんですね。そして、いま表が出る確率は1/2だと推定しています。その上で表が3回出ました。ある確率で起こる出来事が3回生じる確率というのは、それぞれの確率を掛ければいいんです。つまりデータで表が3回出る確率は$(1/2)^3 = 0.125$です」

「それから裏が出る確率は$1-1/2$で、3回あったわけですから確率は$(1-1/2)^3 = 0.125$です。それで、この3つをすべて掛け合せます」

$$_6C_3\left(\frac{1}{2}\right)^3\left(1-\frac{1}{2}\right)^3 = 0.3125$$

「えっと、俺ボーっとしちゃってたんだけど、この数値は何を表しているんだっけ、乱子ちゃん?」

「コイン投げで、表が出る確率を1/2としたときの、6回中3回表が出る確率です。それじゃあ、今度は表が出る確率を1/3としてみますね」

「そんなコインが作れるの?」

「さあ、どうでしょうか。とりあえず、ここでのお話です。で、この場合の確率はこう計算できます」

$$_6C_3\left(\frac{1}{3}\right)^3\left(1-\frac{1}{3}\right)^3 = 0.2194\cdots$$

「表あるいは裏が出る確率を 1/2 と仮定して計算した場合に比べると小さくなりましたね」

「はい。で、今度は表が出る確率を 5/6 としてみましょう。こうなります」

$${}_6C_3 \left(\frac{5}{6}\right)^3 \left(1-\frac{5}{6}\right)^3 = 0.0535\cdots$$

「ますます小さくなったけど、おかしくないの、これ？ だって表が出やすいんだよね」

「確率が小さくなったのは、表が出る確率が 5/6 もあるのに、コインを 6 回投げたところ 3 回しか出なかってことでしょうね。もっと表が出るはずだということでしょう。

ここまで θ について 3 種類だけ検討しました。1/2 の場合と 1/3、それから 5/6 ですね。すると、この中で一番確率が高かったのは θ を 1/2 と想定した場合でした。だから、この 3 つの候補の中では $\theta = 1/2$ がもっともありそうだと考えるのが妥当でしょう。データから逆算して、もっともありそうな確率を推定する方法なので、この方法を**最尤法**といいます。

それで重要なのは、ここでは 3 つの場合だけ確率を計算しましたけど、ほかの確率についても当然検討すべきです。だけど X 軸の 0.00 から 1.00 の範囲には無数の数があるので、それをすべて羅列することはできません。その代わりに、さっきのグラフを作成したのです」

「ええっと、X 軸が候補となる確率で Y 軸が尤度だっけ。だから、このグラフを見れば、尤度が一番大きいところがすぐにわかるから、その真下にある確率が尤もらしいってことか」

10　積分ちょろい！？

「この尤度というのは、前のお話でいうと条件付き確率に相当するのでしょうか？」

「そうです」

「では、やはり事前確率と掛け算することで事後確率が求まるということでしょうか？」

「いまの場合ですと、事前分布に尤度を掛け算して事後分布が求められるということになります」

$$p(\theta\,|\,y=3) = \frac{p(\theta) \times p(y=3\,|\,\theta)}{\int_0^1 p(\theta) \times p(y=3\,|\,\theta)\,d\theta}$$

「この式で y はコインで表が出た回数です。それから θ はコインで表が出る確率です。いまはこの θ を推定したいんです。そして $p(\theta)$ は、ややっこしいのですが、表が出るある確率に対応した密度です。その確率の出やすさみたいなものです。さっきは、どの確率も同じようにありうるとしましたので $p(\theta) = 1$ です。これを**無情報事前分布**といいます」

「あのう。この分母にあるのは、ひょっとして」

「積分です」

「うっ、乱子ちゃん、積分も征服しちゃってるわけ？」

「いや、現役高校生の方が、むしろ積分に対する免疫があるんじゃないかな。僕らはもうダメだけど」

「『僕らは』って、文太は仕事で使ってんじゃないのか」

「計算とかはもうソフトウェア頼りだから、もう無理」

「いえ。あたしにも積分は難しいです。でも、この分母って単に確率の合計を計算しているだけなんです。どういうことかというと、コインで表が出る確率が0.0から1.0まで、そのすべての場合を想定して、それぞれの確率を前提に6回振って3回表、つまり$y = 3$となる場合の尤度の合計です。もちろん、そうしたパターンの1つである$\theta = 1/2$の場合も、この分母の中には含まれています」

$$\frac{p(\theta_1) \times p(y = 3 \,|\, \theta_1)}{p(\theta_1) \times p(y = 3 \,|\, \theta_1) + p(\theta_2) \times p(y = 3 \,|\, \theta_2) + \cdots + p(\theta_n) \times p(y = 3 \,|\, \theta_n)}$$

「要するに、この分母があることで、分子が全体に占める割合が求められるということになるのでしょうか？」

「そうなんです。分母で割ることで、事後分布が確率になるんです。つまり0から1の間の数字になるんです」

「事後分布って、要するに割合なのか。積分があるんで、ちょっと引くけどな」

「例えば、表ないし裏が出る確率が1/2と決まっているような単純な場合は、事後分布の分母にあるのは、ただの単純な足し算でした。ところが確率に無数の候補がある場合は、ある範囲の確率で考えます。つまり面積です。これを求めるのが積分なんです。$\int_0^1$は0から1の範囲でそれぞれの事前確率と尤度の積を全部足し算することを意味するわけです」

「でも、やっぱり、ひるむよなぁ、積分ってだけで」

「確かに積分は難しいです。実はデータによっては分母の積分が複雑になりすぎて、コンピューターを使っても計算が難しいってことがわりとあるそうです。だから、昔はベイズ統計は実用的でない

と判断されて、あまり使われてこなかったみたいです」

「昔はってことは、いまは計算できるのでしょうか？」

「はい。複雑な積分の計算を回避する方法が考案されています。だから、いまはベイズ統計を使う人が急増しているみたいです」

「分母の積分を計算しないと事後分布が確率にならないのではないでしょうか？」

「積分を計算しないと事後分布を正確に求めることはできないのですけど、事後分布を近似する方法が提案されているのです」

「『きんじ』ってなんでしょうか？」

「『ほぼ等しい』ってことです。完全に一致はしなくとも実用上問題ない程度に近い結果を得られるということです。シミュレーションを使うんです」

「シミュレーション……」

乱子以外の3人が揃って溜息をついた。

「なんか、もう、僕ら文系には辛い感じっすよ……」

「もっとも二項分布であれば紙と鉛筆で頑張って積分を解けますよ。熊田さんの『ヤル男』度を例に事後分布を積分の計算まで含めてやってみましょう。初回の授業で熊田さんが出席したと確認できたという例で説明しましょう。つまり1回目の講義に出席したという結果が得られた場合の事後分布を計算してみますね。この場合 y が 1 になります」

$$p(\theta \mid y=1) = \frac{p(\theta) \times p(y=1 \mid \theta)}{\int_0^1 p(\theta) \times p(y=1 \mid \theta)\, d\theta}$$

「最初に分母の積分だけを解いてみます」

$$\int_0^1 p(\theta) \times p(y=1 \mid \theta)\, d\theta$$

「ところで、この式で $p(\theta)$ はすべての θ で同じとしましたよね？

事前の情報がないということを $p(\theta) = 1$ として表現しました。なので、$p(\theta)$ は 1 と書き変えられます」

$$\int_0^1 1 \times p(y = 1 \,|\, \theta) \, d\theta$$

「それから $p(y = 1 \,|\, \theta)$ は二項分布の尤度です。つまり $\theta^y \times (1-\theta)^{n-y}$ なんです。そして、ここで $n = 1$、$y = 1$ です。1 回授業があって、それに出席したということですね。なので $\theta^1 \times (1-\theta)^{1-1} = \theta$ となります。ちなみに $\theta^{1-1} = \theta^0$ は 1 です。どんな数値でも 0 乗は 1 になります。これは数学の約束です。結局、分母の積分式は $\int_0^1 \theta \, d\theta$ となります」

「なんか、あれよあれよという間に……。なんか、すげぇ」

「で、$\int_0^1 \theta \, d\theta$ を解くために積分の公式を使います。これです。高校の数学 II で習う不定積分の公式です」

$$\int x^n \, dx = \frac{1}{n+1} x^{n+1} + C$$

「この公式で n に相当するところに、いまは 1 を入れます。つまり $n = 1$ です」

$$\int x^1 \, dx = \frac{1}{1+1} x^{1+1} + C$$

「そして最後に、この式の x に 1 を代入した結果と 0 を代入した結果の引き算をすれば 0 から 1 の区間の積分を求めたことになります。これは定積分の公式を使います」

$$\int_a^b f(x) \, dx = [F(x)]_a^b = F(b) - F(a)$$

「0 から 1 の区間を表すのに [] を使って $[]_0^1$ とすると、式はこうなります。ちなみに不定積分の公式にあった C は引き算で打ち消されてしまうので消えてます」

$$\int_0^1 x\,dx = \left[\frac{1}{2}x^2\right]_0^1 = \frac{1}{2}\left[1^2 - 0^2\right] = \frac{1}{2}$$

「で、ここまで計算していたのは事後分布の分母でした。分母が1/2とわかったわけです。分母に分数があれば、その分数の分母を分子に移動できます。つまり式全体に2を掛け算できます。ところで分子の方で$P(y = 1 \mid \theta)$の部分、つまり尤度は$\theta^1 \times (1-\theta)^{1-1} = \theta$です。結局、事後分布は$2\theta$となります」

「あの、θが残ってますけど、どういうことでしょうか？ 具体的な数値にはならないのでしょうか？」

「はい。さっきもいったように特定のθを決めようとしているわけじゃなくて、ありそうなθの範囲を知りたいと考えているのです。これはグラフにした方がいいかもしれません」

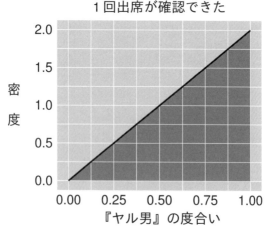

出席という結果が得られたので「ヤル男度」が上がった！

「ええっと？ 乱子さん、これは？ 僕にも、ちょっとよくわからないです」

「これを最初の無情報の場合のグラフと比較してみてください」

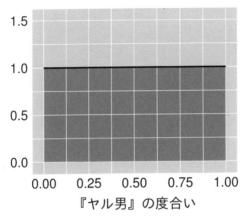

曖昧な事前分布

『ヤル男』の度合い

情報がないことを表す手軽な方法が一様分布

「これは俺の『ヤル男』度合いについてまったく情報がない場合のグラフだったっけ。なんか自分でいうのもしゃくなんだけど」

「そうです。無情報な事前分布を仮定した場合のグラフです。けれど、この後、熊田さんが最初の授業に出席したというデータが得られたので、事後分布を計算したわけでした。その結果が前のグラフなんです」

「直角三角形になっているように見えます」

「確率分布の場合、面積で確率を考えると説明しましたよね。このグラフで面積を考えてみてください。まず X 軸の中央、つまり 0.5 で右と左に分けて考えてみましょう。すると右側の面積の方が大きいですよね。確率分布では面積が確率そのものです。これは熊田さんの『ヤル男』度は 0.5 から 1.0 の範囲にある可能性の方が高いことを意味しています。事前分布では熊田さんの『ヤル男』度についてまったく情報がなかったのですけど、最初の授業に出席した

というデータが得られたことで、『ヤル男』度が 0.5 よりも大きい確率が高いと判断できるようになったのです」

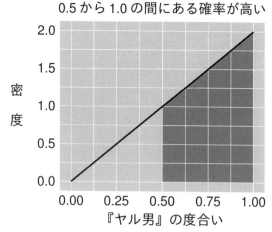

どうやら『ヤル男』度は 0.5 から 1.0 の間にあると思われる！

「特定の数値としてはわからないのでしょうか？」

「あえて特定の値を求めるのであれば、このグラフで左右の面積が同じになりそうな X 軸の位置が目安になります。0.7 弱ぐらいでしょうか」

「結構、おおざっぱなんだね」

「いえ、実は公式があるので、それを使うこともできます。まずベータ分布をちゃんと書くとこうなります」

$$\text{ベータ分布} = f(x) \frac{x^{a-1}(1-x)^{b-1}}{B(a,b)}$$

「で、ベータ分布の平均値は次の公式で求められます」

$$\text{平均} = \frac{a}{a+b}$$

「あの a と b っていうのは、なんでしょうか？」

「真央さん、ベータ分布のパラメータのことじゃないかな？　違う、乱子ちゃん？」

「そうです。あてはめてみます。熊田さんの『ヤル男』度に無情報事前分布を表すベータ分布を仮定したところ、授業に1回出席したというデータが得られました。尤度に二項分布を仮定しているので、事後分布もやはりベータ分布になります。2θ でした」

「あれ？　a も b もないじゃん」

「いえ、熊田さん 2θ はこう書けるんです」

$$2\theta = 2\theta^{(a=2)-1}(1-\theta)^{(b=1)-1}$$

「あ、そうか。$a=2$ で $b=1$ ということですね。乱子さん」

「そう。文太のいうとおりです。だから、平均値はこうなります」

$$平均 = \frac{2}{2+1} = 0.6666\cdots$$

「難しいですけど、ソフトウェアを使うのであれば、ここまで数式を追う必要なんかないわけで、恐れるに足りません」

「そうなのか〜。俺でもベイズ統計を使えそうな気がしてきたよ。積分も存外ちょろいって感じだったしな」

「ちょろいって、な、熊田。お前は乱子さんが解くのをポカ〜ンとしてただ眺めていただけだろうが。まったくしょうのない野郎だな、お前だけは」

「まったく同感です、二項さん。ところで、乱子さん。ここまで知っていれば、ベイズ統計はマスターしたという感じでしょうか？」

「そうですね。あと、2つか3つだけ知っておいた方がいいかもしれません」

「あの、乱子さん、僕はさすがに疲れましたよ」

「そうね」

「私も疲れてしまいました。せっかくのケーキですから、残りを

みんなでいただききましょう」
「脳を使うと腹が減るんだよな」
「お前、なにもしてないだろ」
「頭の中でわけのわからん数式と格闘したんだぞ。脳みそのエネルギー消費量は半端じゃないからな」
　真央さんが熊田のデザート皿に幾分大き目のケーキの分け前を置いてやった。他の3人がバラの細工が繊細で見事だの、自然で美しい色味は着色料ではなく天然果実を使っているからだの、目の前の小さなお菓子を愛でながらしばし観賞しているのを尻目に、熊田は大口を目いっぱい広げて、分け前のケーキを丸ごと頬張った。

11　事前と事後

「ケーキもなくなりましたし、続きをお願いしましょうか」

「え？　真央さん、まだやるの？」

「だって、乱子さんがわざわざ遠くから来てくれたんですよ。今日は夕食をご馳走させていただくことにして、もう少し教えていただきましょうよ。あ、でも、乱子さんは時間は大丈夫でしょうか？」

「はい、今日はお店にバイトの子が2人入ってくれているので、大丈夫です。それでは、ベイズ統計をさらに一歩進めましょう。またまた熊田さんの『ヤル男』度を引き合いに出そうと思いますがいいですか？」

「はいはい。俺は生徒の立場なんで文句はいわないっす」

「さっきまでは熊田さんの『ヤル男』度について事前にはわかっていないという仮定で分析しました。『ヤル男』度は 0.00 から 1.00 までのどんな数値でもありうるということです。これを事前分布として表現するのに数式で $p(\theta) = 1$ としました。つまり θ にどんな数値を代入しても1となります。これはすべての可能性が同じ程度にありうることを数式で表しているのでした。実は、これを一様分布ともいいます。熊田さんの『ヤル男』度は30％くらいだろうか、80％だろうか、いずれとも決めがたいぞ、まったくわからないぞというような状態を表すのによく使われる事前分布です」

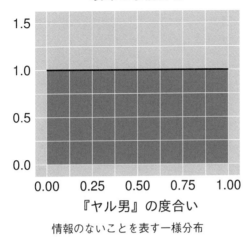

情報のないことを表す一様分布

「ただ、そうではなく、『ヤル男』度は 0.5 前後だとか、0.3 以下とか、0.7 以上ってことはめったにないとか、なんらかの情報がある場合には、この情報を分析に有効活用することができます」

「まあ、友達のやる気ってのは、付き合っていればわかりますよね」

「悪かったな」

「で、例えば『ヤル男』度が 0.5 前後だとわかっているのを事前の情報として使うのであれば、こんなグラフで表現される事前分布が使えます」

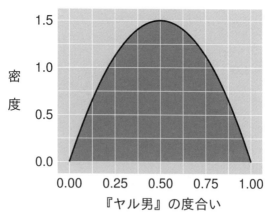

「ヤル男度」は 0.5 前後であると信じるに足る情報ないし経験がある！

「このグラフも面積が確率になっていて、全体で 1.0 になっていると考えてください。それで両端、たとえば X 軸の左の 0.00 から 0.25 の範囲とか、あるいは右端の 0.75 から 1.00 の範囲とかの面積と比べると、中央の 0.25 から 0.75 の間の面積が明らかに広いですよね？」

「それは、熊田君の『ヤル男』度が 25% から 75% の範囲にある可能性が高いということでしょうか？」

「はい。そういう情報を表現するために選んでみた事前分布です」

「乱子ちゃん、これ正規分布というんじゃないのかなぁ？」

「これはさっきもお話したベータ分布ってやつです。正規分布だと、左右の裾がこのようにもっとなだらかになります」

釣鐘型の正規分布

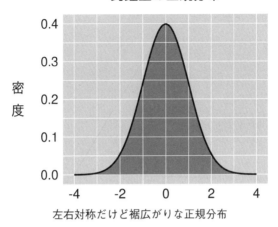

左右対称だけど裾広がりな正規分布

「ベイズの本を何度か開いたことがありますけど、必ずベータ分布とかガンマ分布とかが出てきます。でも、よくわからなくて、いったいなんのために使うのだろうとずっと思っていました」

「ベータ分布ってのは二項分布と相性がよくて、そして変幻自在で、分析者の事前の知識を表現しやすいんです。ベータ分布は2つのパラメータで分布の形状、つまり図の曲線の形が変わります。確率分布は曲線の下の面積で確率が求められますから、曲線の形は重要なんです。パラメータは前にもいいましたけど、空欄です。確率分布ではこの空欄を埋める数値によって分布の形が変わってきます。もう一度ベータ分布の式を確認してみてください」

$$\frac{\theta^{a-1}(1-\theta)^{b-1}}{B(a,b)}$$

「この分母の $B(a,b)$ は、この式全体を 0.00 から 1.00 の範囲におさめるためにあります。つまり確率として扱えるようにするために必要な部分です。ベータ関数というらしいですけど、重要なのは分子の部分です。この式の a、b という部分がパラメータです。この

a、b にあてる数字を変えるとグラフの形はこんな感じでいろいろ種々に変化するんです」

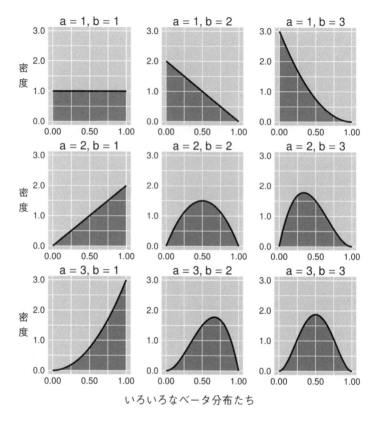

いろいろなベータ分布たち

「さっきの曲線の分布ではパラメータの a、b はともに 2 でした。この図ではちょうど真ん中のグラフがそうです。先ほどの式で θ が、あたしたちが調べようとしている熊田さんの『ヤル男』度を表しています。ベータ分布の a と b にそれぞれ 2 を入れてみます。話を簡単にするため、分母の $B(a,b)$ はしばらく無視しますね」

$$\theta^{(a=2)-1}(1-\theta)^{(b=2)-1}$$

「これが事前分布を表しています。これを尤度である $p(y|\theta) = \theta^n(1-\theta)^{n-y}$ と掛け算するわけです。ここで n は授業の回数で y は出席回数ですね。ここで熊田さんが講義の1回目に出席したとしましょう。この場合 y も n も1です。つまり尤度は $\theta^1(1-\theta)^{1-1}$ です。これを、さっきの事前分布と掛け算します」

$$\theta^{2-1}(1-\theta)^{2-1} \times \theta^1(1-\theta)^{1-1}$$

「θ や $(1-\theta)$ の右肩に乗っているのはべき乗ですけど、べき乗どうしの掛け算は足し算になります」

$$a^m \times a^n = a^{m+n}$$

「これを使うと、事前分布と尤度の掛け算はこうなります」

$$\theta^{(a=2+1)-1}(1-\theta)^{(b=2+0)-1} = \theta^{3-1}(1-\theta)^{2-1}$$

「これが事後分布になります。そして事後分布もベータ分布です。これはパラメータ $a=3, b=2$ のベータ分布です。事後分布はこんなグラフになります」

ベータ分布に対する事後分布

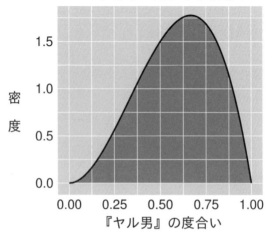

直角三角形に比べて中央に寄っている

「前に事前分布に一様分布を設定したときは面積が三角形になったことを覚えていますか。あれはこういうグラフでした」

1回出席が確認できた

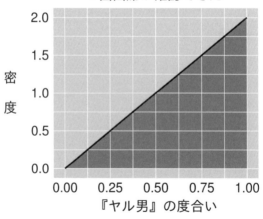

一様分布を事前分布としてデータが1個取れた事後分布(再掲)

「この三角形と比べると、いまの事前分布から求めた事後分布のグラフの面積は中央付近に寄っているのがわかると思います。事前分布として熊田さんの『ヤル男』度は 0.5 前後であって、全然やる気がない ($\theta = 0.00$) とかやる気満々 ($\theta = 1.00$) っていう極端な状態であることはないと考えました。そして熊田さんが初回の授業に出席したという情報を得たことで、『ヤル男』度の確率は増えました。でも事後分布の山の頂上は 1.0 に近づいたものの、まだ 0.6 ぐらいのところにとどまっていることに注意してください」

「事前情報の設定によっては結果が変わってくるということでしょうか？」

「そうなんです。事前分布は分析する人が指定しますから、ベイズ統計は主観的、恣意的と批判されることになったみたいです」

「ちなみに、この事後分布がベータ分布になっているのは、事前分布に同じベータ分布を選んだからです。共役事前分布っていいますけど、事後分布が簡単に求められるようになります」

「えーと、乱子ちゃん、簡単になるってどういうこと？」

「そうですね。まず、おさらいになりますけど、最初に提案した事前分布のベータ分布ではパラメータを $a=2$、$b=2$ としました」

$$\theta^{(a=2)-1}(1-\theta)^{(b=2)-1}$$

「で、データとして熊田さんが 1 回出席したという結果が得られたので、もう一度書くと、事後分布はこうなったわけです」

$$\theta^{(a=2+1)-1}(1-\theta)^{(b=2+0)-1}$$

「わかりますか？」

「え？ なんだろ？」

「あのー、ひょっとして出席する確率が θ で、欠席する確率が $(1-\theta)$ のところ、1 回出席したという結果、つまり θ が 1 つ確認できたから θ の右肩の数字に 1 を足し、欠席という結果はまだ得

られていないので $(1-\theta)$ にはまだなにも足さないことを表すために 0 を加えているということでしょうか？」

「そうです。事前分布を $\theta^{(a=2)-1}(1-\theta)^{(b=2)-1}$ と設定したとき、出席したというデータが得られたことで、事後分布が $\theta^{(a=2+1)-1}(1-\theta)^{(b=2+0)-1}$ となりました。つまり事前分布の右肩のべき乗のところに出席回数と欠席回数を反映させると事後分布になるんです。要するに単純な足し算で事後分布が求められるんです」

「乱子ちゃん、それって便利なの？」

「事後分布が積分とかそういう面倒な計算抜きの単純な足し算で求められることになりますから」

「ああ、前に説明してくれた積分を避ける方法ってこれなのかぁ」

「えーと、この方法もそうといえるかもなんですけど、あのときはシミュレーションのことをいったのです。以前はベイズ統計といえば、もっぱら共役事前分布を使ったそうなんですけど、でも最近の主流はシミュレーションなんです」

「なんか、そのシミュレーションを使った方法ってすげぇ、おもしろそう」

「マルコフ連鎖モンテカルロ法っていう方法です」

「うへ。すげぇ、難しそう」

「多分、むしろ簡単だと思います」

「へ？　なんで？」

「コンピューターにデータを入れて少し設定を加えれば後はソフトウェアが勝手にいろいろやってくれますから」

「誰でもできるってことでしょうか？」

「はい。誰にでもできます。誰にでもできちゃうっていうべきかな。さて、それでは話を戻して、熊田さんが新学期 5 回の授業のうち 2 回出席したというデータをもとに、熊田さんの『ヤル男』度を推定してみましょう。もう一度、確認です。授業への出欠は二

項分布にしたがうとし、熊田さんの『ヤル男』度の事前分布はパラメータが $a=2$、$b=2$ のベータ分布で表現されるとします」

「共役事前分布がベータ分布でデータが二項分布にしたがうってことは、事後分布もベータ分布になるということでしょうか」

「そうか、パラメータの足し算をすればいいんだ。えーと授業が5回で俺が出席したのが2回。なんかしゃくだけど」

「すると a に2を足し、b には3を足すことになるのでしょうか。つまり $a=2+2$、$b=2+3$ という足し算で求められるベータ分布が事後分布ということになるのですね？」

「はい。パラメータが $a=4$、$b=5$ のベータ分布になります。グラフにしてみます」

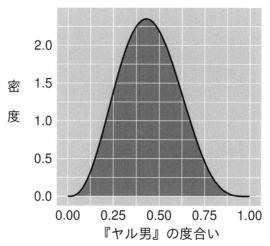

5回の講義に2回出席した熊田の『ヤル男』度の事後分布

「横軸が確率に相当するんでしたよね、乱子さん？」

「なんか、山のピークが真ん中の5割にいきそうでいっていないグラフ……」

「5回中2回出席したということですから、熊田さんの『ヤル男』度は0.5未満である可能性が高いと推定されるわけです」

「なんか、反論できない結果になっちまったわ……」

「ところで、ここまでくれば、前にお話したブラック企業の離職率の推定もできますよ」

「なんだっけ？」

「これです」

> あるブラック企業では各部署の離職率を調べて査定をしている。さて経理部門では昨年度は5人採用したが、今年は1人も退職していない。経理の離職率は0とみなしていいか。
> なおこのブラック企業全体での離職率は4割強とする。

「ああ、たしか文太の会社の問題でしたっけ？」

「熊田、いい加減にしろよな」

「ベータ分布を事前分布としたベイズ更新についてお話しましたから、もう皆さんに解けるはずです。ぜひ挑戦してみてください！」

「それって一種のアクティブラーニングだね。よしやってみるか！」

「アクティブラーニングってなんですか？」

「アクティブラーニングというのは、学生が自主的に課題を設定して、自分で課題を解くのをうながすような授業のことです。最近の大学でのバズワードです。でも、熊田君、これは乱子さんが出した課題を乱子さんが指導してくれたとおりに解くだけなのだから、本質的にアクティブラーニングとは違うでしょ」

「あ、そうなの？　俺んところの教授なんて、なんでもかんでも

『アクティブラーニングだ』っていって悦にいってるんだけど」

「まあ、ちょっとやってみよう。えっと、乱子さん、まずは事前分布ですよね」

「そう。どうする？」

「そうですね。会社全体の離職率を事前分布に設定するのはどうでしょうか？」

「そうだけど、前提として、経理部を含め、会社の離職率は『二項分布にしたがう』というモデルを立てるのが先」

「あ、そ、そうですね」

「とすると、事前分布はベータ分布ということになるのでしょうか」

「とりあえず、お手軽に経理部の離職率を推定したいとすれば、二項分布と相性のよいベータ分布を事前分布に設定するのが一番です」

「でも、ベータ分布と一口にいっても、いろいろな形があるんだったよね、乱子ちゃん」

「そうです。この場合、会社全体の離職率が4割というのがヒントになるでしょうか」

「なんだ、さっきの熊田の『ヤル男』度といっしょでいいんじゃないですか」

「ん？　どういうことだよ」

「いま、熊田の『ヤル男』度で事後分布がパラメータ $a = 4$、$b = 5$ のベータ分布になったじゃないか。これ、ちょうど0.4をちょっと超えたところにピークがあるように見えるから、離職率4割強というモデルを表現するのに使えるんじゃないかな」

「俺の『ヤル男』度はブラック企業と同じってことかよ」

「いやいや、全然関係ないはずだけど、ちょうどいいじゃないか」

「そうですね。文太のいうとおり、事前分布として使ってみましょう」

「となると、次はデータでしょうか。でも、ある年度の経理部で5人中誰も辞めなかったということしかわかっていないというお話だったでしょうか」

「これをそのままデータとして使えばいいのだと思います。そうでしょ？ 乱子さん」

「はい。一応、二項分布にしたがうと考えましょう」

「なるほど、えーと事前分布のパラメータが4と5で、ここに採用人数5人中0人が退職したというデータを反映させるわけですね」

「そうです。ただし熊田さんの『やる男』度の場合は、パラメータ a は出席数に、パラメータ b は欠席数に対応していましたが、離職率を表す場合には、パラメータ a に退職者数を、b に会社に残る人数を反映させる必要があります」

「私に計算させてください。事前分布のパラメータが $a = 4$、$b = 5$ で、データが $n = 5$、$y = 0$ ですから、事後分布のパラメータは $a = 4$、$b = 10$ ということになるのですね」

「はい。このベータ分布はこんなグラフになります」

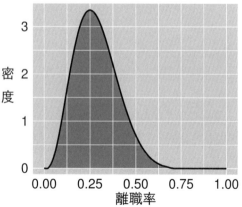

ブラック企業経理部の離職事後分布

「あ、山のピークは 0.25 の辺りが高いですね」
「そう。その年度に経理部から誰も辞めなかったとしても、会社全体の離職率が 4 割を超えるようであれば、経理部の離職率も 0 とはみなせないということ。それでも、会社全体の 4 割強と比べれば、だいぶ低いってことになるけどね」
「これがベイズのありがたみなのか……」
「もう少し複雑な応用場面を考えてみましょう」

> あるおみくじの箱には 100 万枚のお札が入っているが、種類は大吉と大凶だけである。またお札の内訳は不明で、大吉の方がたくさん入っているという噂もあれば、大凶の方が多いという人もいる。ただし、大吉と大凶が同じ枚数入っているわけではないらしく、どちらかが 7 割を占めるらしい。
> さて、いま 10 枚おみくじを引いたら 3 枚が大凶で 7 枚が大吉だった。ここから箱の中身の割合を推定せよ。

「いや、乱子さん、さっぱりわからないですよ」
「この場合、まず事前分布はこんなイメージかな」

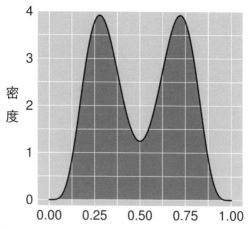

大吉が大凶よりも多いか、あるいは少ないと考えるモデル

「うっ。なんか 2 つ山がありますね」

「大吉が 3 割か、あるいは 7 割ぐらいあるという情報を 2 つのベータ分布で表現できるモデルだと考えました。混合ベータ分布です」

「混ぜてしまったということでしょうか？」

「ベイズ統計ではありみたいです。というか、こういう少し複雑な分布を想定した分析ができるところがベイズの強みということになるのかもしれません」

「具体的にはどうするの？」

「それぞれのベータ分布のパラメータを決めます。大吉が 3 割ぐらいという情報から、このグラフの横軸で 0.3 ぐらいのところに山の頂点がありそうです。もう 1 つの山は横軸の 0.7 ぐらいに頂点があります。これは大吉が 7 割を占めることを表しています」

「ははあ。なるほど、うまいこと考えたね」

「で、0.3 あたりに頂点がある山の方は、少し前にベータ分布の平均値は $\frac{a}{a+b}$ で求められると説明しましたが、例えば $a=6$、$b=14$ のベータ分布があてはまりそうです。それから 0.7 の方は $a=14$、$b=6$ のベータ分布でよさそうです。この 2 つを合わせて面積が 1.0 じゃないとおかしいわけですから、それぞれの比率を考えればいいことになります」

「この図だと、どちらも同じ大きさに見えます」

「はい、2 つのベータ分布のどっちが正しいのかわからないので、それぞれが正しい割合を半々とみなしたのです」

「あ、そうか。つまり、乱子さん、これが事前分布になるんですね」

「そう。数式で書くとこんな感じ。ベータ分布のことを $beta(a,b)$ と書きますね」

$$f(p) = 0.5\,beta(6,14) + 0.5\,beta(14,6)$$

「どちらも半々の割合だということを 0.5 で表していますが、実際にはわからないので、これを γ で書き直すとこうなります。これはガンマと呼ぶギリシャ文字です」

$$f(p) = \gamma\,beta(6,14) + (1-\gamma)\,beta(14,6)$$

「で、これに 10 枚おみくじを引いたら 7 枚が大吉だったという情報を掛け算します。細かいことを省くと、結果、事後分布はこんな式になります」

$$f(p) = 0.093\,beta(13,17) + 0.907\,beta(21,9)$$

「ああっと。これは式の右側の方が 9 割ってことかな?」

「そうです。この事後分布をさっきの事前分布のグラフに重ね合わせたのがこれです」

大吉が出る確率は 0.7 ぐらい

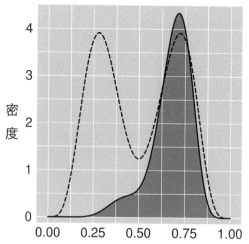

大吉が出た回数の方が多かったので山は多分右側にある

「左の山の印象が薄くなりました」

「はい。データで7割が大吉でしたので、事後分布は大吉が7割を占めているという確信の度合いが強まったというわけです」

「やはり、データを使って情報を更新したということになるのですね」

「そうです」

「ちょっと質問してもよろしいでしょうか？ 正規分布は使わないんでしょうか？ 私は統計といえば正規分布というイメージがあるのですが？」

「データの確率モデルとして正規分布が適当と思われる場合はもちろん使います。事前分布に正規分布を使えば事後分布はやはり正規分布になります。この場合も積分なしの単純な足し算で事後分布を求めることができます。やってみましょうか？」

「乱子ちゃん、具体例で頼みますわ」
「それでは、こういう問題を考えてみましょう」

> 日本の男子高校生の身長は平均が170センチで標準偏差が6センチの正規分布で表現されるとする。ところが、ある体育系高校のクラスで5人の男子生徒に身長を尋ねたところ、その平均は180センチで標準偏差は10センチだった。この体育系高校の男子生徒の身長の事後分布はどのように推定されるだろうか？

「これ、普通の統計学なら、そのまま平均値の推定値は180センチということになるんでしょうけど、ベイズの場合、一般高校の男子生徒の身長に関する情報を利用することができるわけです」

「一般高校の高校生のデータを事前分布にするということでしょうか？」

「はい。そして、この例題の場合、事前分布もデータも正規分布にしたがうっていうのがポイントなんです。つまり共役事前分布です。この場合、事後分布の平均と分散は公式をあてはめれば求められるんです」

そういうと、乱子はホワイトボードに向かった。

$$\frac{\dfrac{1}{\text{事前分散}} \times \text{事前平均} + \dfrac{\text{データ数}}{\text{標本分散}} \times \text{標本平均}}{\dfrac{1}{\text{事前分散}} + \dfrac{\text{データ数}}{\text{標本分散}}}$$

「うへぇ、すげぇ複雑。で、分散ってなんだったっけ？」
「分散はそれぞれのデータの値から平均値を引いて自乗し、それらの合計をデータ数で割る、という処理をした数値です。データが平均を中心にどれくらい幅があるかを表す尺度です。正規分布っ

て、こういうグラフになるのでした」

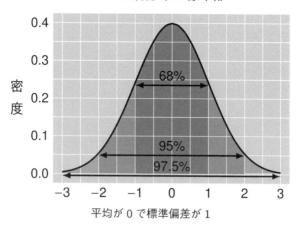

「この図で横幅を表しているのは標準偏差なんですけど、標準偏差は分散の平方根なんです。重要なのは、正規分布では平均を中心として左右に標準偏差2個分の範囲を取ると、その範囲内にデータのおよそ95%が入ってしまうということです」

「そういえば、そんな話もあったね」

「熊田、お前、いま初めて知っただろ、な？」

「それにしても、正規分布の事後分布を計算する式って複雑だなぁ」

「複雑だといっても、中身は単純な足し算、掛け算、割り算だけです。やってみます」

$$\frac{\frac{1}{6^2} \times 170 + \frac{5}{10^2} \times 180}{\frac{1}{6^2} + \frac{5}{10^2}}$$

$$= 176.4286$$

「身長が縮んだ……」

「一般的な男子高校生の身長に関する情報を組み込むと、体育系高校からたまたま選んだ男子生徒の平均身長そのままではなくなるってことですね。次は身長の分散です。分散はこういう公式から求めます」

$$\frac{1}{\dfrac{1}{事前分散} + \dfrac{データ数}{標本分散}}$$

「これも、またすごい式だな……」

「計算してみますね」

$$\frac{1}{\dfrac{1}{6^2} + \dfrac{5}{10^2}} = 12.8571\cdots$$

「標準偏差に直すには平方根を計算すればいいです」

$$\sqrt{12.8571\cdots} = 3.5856\cdots$$

「結局、体育系高校の男子の身長の事後分布は平均が 176.4 センチ、標準偏差が約 3.6 センチってことになります。グラフで表現すると、それぞれこんな形になります」

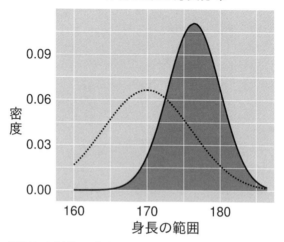

普通校（破線）と体育系校（実線）での身長分布の違い

「あ！」
「真央さん、どうかしましたか？」
「例の嫌がらせメールがいままた届きました」
4人が揃って真央さんのノートパソコンの画面に顔を寄せた。
「また、新たにメールが来たんです。見ていただけますか？」

・・・

お追従やおべっかを使って人の気を引き、誰とでも仲良くし、誰の誘いも断らない。お前の本心は一体どこにあるのか。お前は自分で自分は親切な人間で、周りの人すべてに善意で接しているとでも思っているのか。それとも確信犯的に、嫌いな人物でも自分に利すると判断すれば積極的に近付き、養分となる蜜のみ吸って身の肥やしにするのか。はたまたなにも考えず、上辺だけ取り繕って周囲の皆と適

> 当に調子を合わせ、その日その日を、ただ楽しくおかしく過ごせればいいだけなのか。ただこれだけはいっておく。お前のこうした無節操な言動に傷つき、裏切られたと感じている人間も確実に存在することは覚えておくがいい。最後に警告を与えておく。お前が無節操な人付き合いを、八方美人を、このまま改めずに続けていくのであれば、友であれ恋人であれお前にとって本当の意味で大事な人を、遅かれ早かれお前は失ってしまうことになるであろう。

「ひぇ〜、これまた、ひでぇなぁ」
「どうしました、乱子さん？」
「すみません。この前のメールをいま見せていただくことは可能でしょうか？」
「なにか気付いたの？　乱子ちゃん？」
「あの、このメールなんですけど、『を』の後に読点を打つことが多くありませんか？」
「え？　『読点』、ですか？」
「読点ってなんだっけ？」
「はぁ？　お前、日本語の専門家だろ。文章の途中で打つ点のことだよ」
「ああ、カンマか。そんなものに違いがあるの？」
「熊田さんは文章を書くとき、どこに読点を打ちますか？」
「どうだったかなぁ。てか、そんなこと意識してないなぁ」
「この犯人のメールって『を』の後に必ず読点を置いているみたいなんです。でも、あたし自身は『を』の後に読点を打つことはあまりないと思います」
「へ？　ううむ、いわれてみれば、俺も『を』の後に読点を付けたりはしない気がするなぁ」

「あたし、前に本で読んだことがあるんですけど、日本語では読点って無意識に打たれているそうなんです。で、どこに読点を打つかはかなり個人差があるらしいんです」
　「乱子さん、ひょっとして、文章中の読点の打ち方で誰が書いたかを特定できるっていうことですか？」
　「ひょっとしたら、この方法で犯人を特定できるかも知れません。後で文太と分析してみます」

12 文章の癖 ―助詞と読点―

「この間、真央さんに届いた嫌がらせメールを読ませてもらった後で調べ直したんだけど、この本に小説家が読点をどこに打つのかを調べた結果が書いてあってね……」

弁当屋のスタッフルームで、乱子は本を片手に、壁にかかったホワイトボードに数値を書き始めた。

大作家らの読点の癖

読点の前の文字	井上靖	中島敦	三島由紀夫	谷崎潤一郎
と	15	4	5	5
て	12	9	14	9
は	12	12	14	9
が	10	10	11	9
で	6	3	7	6
に	5	6	9	5
も	3	4	2	5
を	2	1	3	1
の	1	1	1	2

「この数字は読点の出現回数そのものではなくて、読点とその直前の文字のペアに注目して、そのペアが文章中にどれくらいの割合で出現しているかを調べた結果なんだよね」

「よくこんなことに気が付きますね……」

「これを見ると井上靖って作家は『と』の後で読点を使う傾向が強いんだけど、中島敦や三島由紀夫、谷崎潤一郎はそうでもないよね」

「『と、』の頻度で井上靖の文書だとわかるということですか？」

「この4人の作家に限ればね」

「じゃあ、これが、真央さんに嫌がらせメールを送ってくる犯人を特定するのに役立つということですか？」

「そういった類いの特徴が犯人の文章にあって、それと同じ特徴が真央さんの同級生4人のうち誰か1人が書いた論文にも認められれば、その人がかなり疑わしいということにはなるかも」

「なるほど。それは使えそうですね！　どうすればいいんですか？」

「どうすればって、文太の専門でしょ」

「これまで送られてきたメールと、この間真央さんから預かった4人の論文を分析して、読点の数を数えればいいんですか。それならなんとかします」

「読点の数だけじゃなくて、その前の文字とセットで数えるのを忘れないで！　読点がどの文字の直後に来ているかが重要なんだから」

「セットですね、わかりました。ちょっと調べてやってみます」

　　🐶　　🐶　　🐶

「というわけで、乱子さんと一緒に読点の分析をしてきたんですが、ちょっと、その結果を見てくれませんか？」

すでに通い慣れた大学の会議室で、二項がホワイトボードに表を書き始めた。その前のテーブルには乱子、真央さん、そして熊田が座り、3人とも二項が握る青色マーカーの動きを追っていた。

「犯人からのメール10通をひとまとめにしたうえで、出現した

読点と直前の文字のペアについて集計してみました。ただし2400文字あたりの度数に調整しています。犯人から届いた嫌がらせメールが毎回2400文字程度なんです」

嫌がらせメールと読点の癖

読点の前の文字	嫌がらせメール	読点の前の文字	嫌がらせメール
と	4	に	5
て	12	も	3
が	10	を	6
で	6	の	1

「それから、これは4人の院生が最近発表した論文をデータとして、同じように文字と読点のセットを数えた結果です。こっちも見てください」

院生達が「を」の後に読点を打つ回数

論文	勝本	藤原	竹村	庄司
1号	2	2	3	6
2号	3	3	2	5
3号	2	2	2	7
4号	2	3	3	6

「『を、』の頻度で庄司さんが少し多いということですか？」

「微妙な差ではあるんですが。他の文字と読点のペアについては、ほとんど差はありません」

「う〜ん、どうなんだろう」

「これが証拠になるのか？」

「そうね、今回選んだ論文で庄司さんが『を、』をたまたま多用していただけということは考えられないでしょうか？ こういう場

合、心理学では分散分析を使って、庄司さんと他の著者で『を、』の使い方に有意な差がないかどうかを判断するのだと思います」

「えーと、前にも出てきたような気がする言葉だけど、ユーイって？」

「熊田君、有意も知らないの？」

「いや、ど忘れだって……」

「心理学では必ず習うけど……。要するに、違いが偶然ではないってこと。意味のある差ってこと。乱子さん、こういう理解で間違っていないでしょうか？」

「そうですね。統計では『検定』というのをして5％水準で有意であるとかないとかいう手続きを踏みます。分散分析をやってみましょうか」

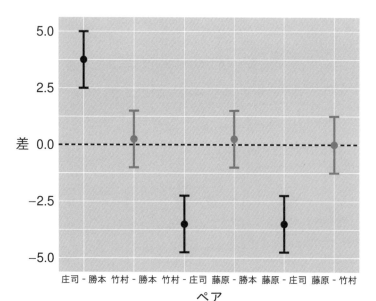

「これは分散分析というデータの平均値を比較する手法を使って、

院生のペアごとに『を、』の頻度の違いを調べてグラフにしたものです」

「え？　これグラフなの？　なんか妙なグラフだな……」

「この図は群間比較をしているのですね」

「軍艦って？？？」

「熊田君、群というのはグループのことで、ここでは4人のデータそれぞれのことを指しているのよ」

「あ、ああ、そうだよね。で、どう見るの？　このグラフ」

「縦棒のそれぞれが群の比較、つまりあるペアの『を、』の使い方について差を表現しています。グラフのY軸は差を表しています。つまり0であれば、差がないということになります。それで、それぞれのペアの縦棒は、あるペアの差がどれくらいの範囲に位置するかを推測しているのです。この縦棒がY軸で0に相当する位置、グラフだと破線で表されている位置をまたいでいれば、差は0である可能性があります。逆に0をまたいでいなければ、そのペアについて『を、』の使い方に有意な差があることがわかります。見ると、横の破線をまたいでいない縦線が3本あります。この3本は、いずれも庄司さんと他の3人を比較しています」

「つまり、庄司さんの『を、』の使い方が他の3人と違うってことか」

「けれど、それぞれの人のデータが4つというのは、さすがに少ない気がします。このデータに分散分析して有意差が出ても、信頼されそうにありません」

「真央さんのいうとおりです。だから、この結果については有意か有意でないかの二択で判断せず、『を、』が出現する確率で判断してみたいと思うのです」

「検定をソフトで実行するとp値というのが出ますけど、それとは違うのでしょうか？」

「p 値はある**帰無仮説**を前提に実際にデータを収集して、仮説とデータが矛盾していないかを示す基準値です」

「えっと、悪いけど『きむかせつ』ってのはなんだったっけ？」

「分析の最初に立てる仮説です。典型的には、『特に変わったことはない』って趣旨のことです。だけど、検定をする人の本来の目的は、これを否定した『違いがある』ってことを証明したいわけです。例えば、ダイエットを始める前と後で『体重に変化はない』ってことよりは、『体重に変化があった、減った』っていう方を証明したいわけです。この、本当は証明したい方を**対立仮説**っていいます。でも、検定では、変化がない、同じままってことを意味する仮説を立てて、これが否定されたときに対立仮説を採択する、つまり違いがあったってことを証明するんです」

「なに、その面倒な手続き……」

「検定で、この違いがあるないを判断する根拠が確率で、これが 5％ 未満であれば、違いは偶然ではない。つまり意味のある差、違いが確認されたと判断するんです。ここで『有意差がある』っていいかたをするんですね。この確率を p 値というんですが、これは帰無仮説とデータが矛盾していないかどうかを表す目安なんで、別に対立仮説が正しいことを証明する数値ではないです。逆に帰無仮説の方が正しいことを示すわけでもありません。あたしたちの問題に戻すと、『を、』の出現回数を検定して p 値を求めたとしても、それは『を、』が出現する確率そのものではないんです」

「確率じゃない……。あ、ここでベイズを使えばいいのか！？」

「ええ。ベイズの方法を使って次に届くメッセージに『を、』がどれくらい出現していることになるかを予測して、それが庄司さんの癖と矛盾しないかどうかを調べてみましょう」

13　階層と予測

「まず、最初にこのデータの性質について確認しておきます。つまり確率モデルを想定します」

「分析の基本でしたよね、確率モデルを想定するのは」

「『を、』が論文やメッセージに出てくる回数を数えたわけですけど、これは頻度データです。1とか2とか8とか10とか、回数を表す数字です。それから、この頻度はある単位内での記録です」

「単位？　嫌な言葉だな」

「熊田、学部時代のトラウマか？　お前、よく単位取りそこなってたもんな、語学の授業とか……」

「うっせいよ、文太」

「はい、はい、いいですか？　ここで単位というのは、2400文字あたりということです。単位のある頻度データというのは、他にも1時間あたりの来客数とか、1平方メートルあたりに観測された生物の数とかです」

「なるほど」

「それから『を、』は単位あたりでそれほど多くは出てきていません。2400文字で2ペアとか、その程度です。こういうデータはポアソン分布という確率分布をあてはめて分析します。ポアソン分布はこういうグラフで表現されます。X軸が出現回数に相当し、Y軸は確率そのものです」

個数の分布

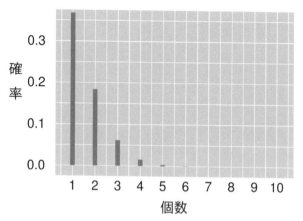

出現回数のポアソン分布では縦軸は確率そのもの

「この図はいままでと違って曲線じゃなくて、棒なんですね」

「ポアソン分布は離散分布ですから。離散分布って、要するに出てくるのが1とか2とかの正の整数ですから」

「1.5とか3.14というような実数ではないってことですね」

「そうです。だから、ベータ分布とかと違って、グラフでも面積が確率を表すのではなくて、Y軸の高さそのものが確率に対応するわけです。こういう場合は曲線ではなく、棒グラフで表したほうがいいんです。

でも、ややっこしいけどポアソン分布はこんなふうな数式で表現されるわけですけど、ポアソン分布の平均値を表すパラメータ $\overset{\text{ラムダ}}{\lambda}$ は正の実数。つまり小数点もありうるんです」

$$P(x) = \frac{\lambda^k e^{-\lambda}}{k!}$$

「ひたすらむずいわ」

「ためしにパラメータの違うポアソン分布を4つほどグラフにし

てみます」

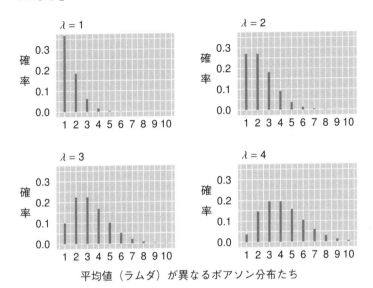

平均値（ラムダ）が異なるポアソン分布たち

「前置きが難しくなりましたけど、4人の論文の中に出てくる『を、』の頻度は、それぞれ平均値の異なるポアソン分布を想定するのが妥当だと考えましょう」

「ということは、確率モデルとして平均値が違う4つの異なるポアソン分布を設定するということでしょうか？」

「そうです。だけど、ここでさらに考えを発展させて、それぞれのポアソン分布の平均値は、別のある事前分布によって決まっていると考えてみましょうか」

「ここまで4つの論文で『を、』の頻度がそれぞれ平均値の違うポアソン分布にしたがっているとしました。そこで、それぞれのポアソン分布の平均値がバラバラに決まっているのではなく、共通し

た別のある確率分布から出てきていると考えます」

「事前分布ですよね？」

「そうですけど、いま4人の論文が対象ですから平均値を表すパラメータは4つあります。λ_1、λ_2、λ_3、λ_4 ですね。これらはそれぞれ異なるけれども、いずれも、ある1つの共通した事前分布で決まっていると考えます」

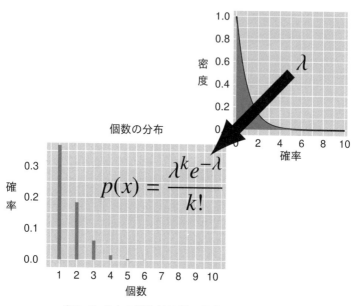

ポアソン分布の平均値は別の分布によって決まる

「この図でλは、ある容疑者の『を、』の頻度がしたがうポアソン分布のパラメータ、つまり平均値を表す記号です。そして、このλが、右上に描かれた別の確率分布で決まっていることを表しています。で、ここではこの右上にあるのは、ガンマ分布だと考えてみます」

「ガンマとは……」

「確率分布の1つです。前に出たベータ分布がa、bという2つのパラメータで分布の形が決まりましたけど、このガンマ分布にも2つパラメータがあって分布の形が決まります。いくつか表示してみます」

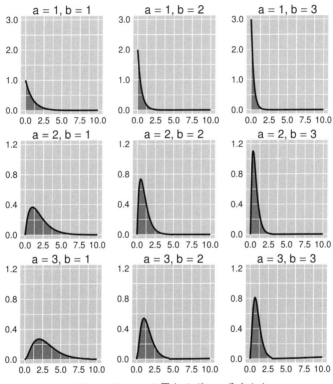

パラメータa、bの異なるガンマ分布たち

「それで、いまあたしたちが知りたいと考えている4人の平均値は4つとも、このようなガンマ分布によって決められていると考えるんです。そして、これらのガンマ分布のa、bそれぞれが、さらに別の確率分布にしたがい、このパラメータによって分布が決ま

ると拡張して考えることもできます。この場合、事前分布にさらに事前分布を想定するわけで、これを特に**階層モデル**といいます」

「裏の裏があるということっすか。よくこんなこと思い付くっすね」

「でも、いまは普通に使われている方法ですよ。たとえば、こんなケースが考えられます」

> 森の中に妖精が住んでいる。彼らは一定時間の間隔をおいて姿を表すが、その間隔は妖精ごとにバラバラである。また妖精たちには種別があって、火・風・水・土の4種族があり、それぞれの種族内では行動パターンが似ているが、別の種族との違いは大きい。とはいえ種族ごとの習性は、人間との差異と比べると、互いにとても近い。

「で、ここで妖精に出会える平均的な待ち時間を知りたい場合にも階層モデルは使えると思います」

「これって、ポケモンに近いんですかね……」

「熊田君、余計なこといわなくていいから」

「待ち時間の平均を調べようにもそれぞれの妖精は個性的。ただし、妖精の属性ごとに行動パターンは似ていて、かつ妖精全体の習性は人間とは異なるというのは、まさに階層化しているという印象があります」

「真央さんのいうとおりで、図で表すとこんな感じでしょうか」

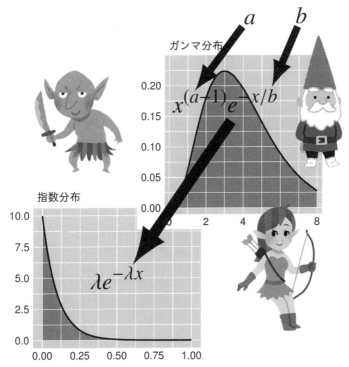

妖精の出現平均回数は指数分布で決まり、指数はガンマ分布で決まる

「まず個々の妖精が現れるまでの待ち時間は、たとえば指数分布で表現できるかもしれません」

「指数分布とは……」

「イベントが発生するまでの間隔、たとえば宝くじ売り場ってありますよね」

「あるある。いつ見ても客なんかいない」

「えっ、そうかなぁ。よく見かける気もするけど」

「ああいうお店にお客さんが現れるまでの時間間隔なんかを表現

するのに使われる分布です。ごく簡単な例を上げると 1 時間に 10 人のお客が来るなら、来客の時間間隔の平均は 10/60 ＝ 6 分ということになります。グラフにするとこんな感じです」

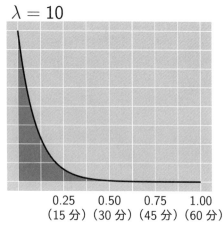

待ち時間などを表現する指数分布

「これ、どう見るんです？」

「横軸が経過時間で、この場合は 1 時間に相当します。これを 4 等分しているのだと考えてください。つまり X 軸に 15 分間隔でラベルを付けているわけです。例えば、X 軸で 0.00 から 0.25 までの範囲と上の曲線とで挟まれた部分の面積を見てください。この面積が 15 分以内に次のお客さんが来る確率に相当します」

「といっても、X 軸と上の曲線で挟まれた面積のほとんどじゃない？」

「ええ、1 時間に 10 人が来店するんですから、実際には 15 分も待つことはないはずですね。これは計算すると約 0.92 になります。計算するには指数分布の式を使います」

$$f(x) = \lambda e^{-\lambda t}, \quad t > 0$$

「この式から確率を求めるには例によって積分します。面積が確率に相当するという話でしたね。確率を求めるには、こういう式を使います」

$$F(x) = \int 0^x \lambda e^{-\lambda t}\, dt$$
$$= 1 - e^{-\lambda x}$$

「この λ はある一定期間に起こる回数で、いまは 10 とわかっています。で、x は 15 分に相当する 0.25 ですから、この式に代入します」

$$F(0.25) = 1 - e^{-10 \times 0.25}$$
$$= 0.9179\cdots$$

「ちなみに 5 分以内に次のお客さんが来る確率であれば、$\frac{5}{60}$ で 0.0833$\cdots$ となりますから、いまの式に代入して、こうなります」

$$F(0.0833\cdots) = 1 - e^{-10 \times 0.0833\cdots}$$
$$= 0.5654\cdots$$

「57% ぐらいってことか」

「で、いまの例だと一定時間内にお客さんが来店する平均的な回数は 10 だとわかっていました。つまり平均を表すパラメータを知る必要があります」

「どうするんです？」

「個々の妖精が出現する確率を表す指数分布の上にもう 1 つ、この平均値を規定する分布があると考えます。たとえばお手軽なのがガンマ分布です。もちろん、もっと適切な分布もあります。とりあえず、いまは個々の妖精の待ち時間の平均パラメータはバラバラだけど、このパラメータはあるガンマ分布によって決まると考えまし

ょう」

「ややっこしいっすね」

「ところがガンマ分布にもパラメータがあります。それも2つ。これをハイパーパラメータといいます。指数分布のパラメータを規定しているガンマ分布のパラメータです。ここでハイパーパラメータがなにによって決まるのかが問題になります。この設定だと、妖精はその種族ごとに行動パターンが違うといいますから、種族ごとにガンマ分布のパラメータは違うはずです」

「そ、そうだね」

「乱子さん、どんどん上の階層にのぼっていくわけですね」

「とまあ、こういう階層構造を考慮した分析というのは、これまでの統計分析になかったわけではないですけど、とても面倒でした。それに、いま個々の妖精たちの待ち時間は指数分布にしたがうとしましたが、なにせ相手は妖精なので、実はあたしたちの考えもつかない複雑な分布をしているのかもしれません。とても簡単に積分計算ができないような特殊な確率分布である可能性があります。ところが、いまはコンピューターでシミュレーションを手軽にできるので、簡単に求められるわけです。それでは、あたしたちの問題に戻りましょう」

「さきほどの嫌がらせメールでは事前分布がガンマ分布だということでしたけど、このガンマ分布のパラメータはどうするんですか？ 乱子さん」

「もちろん、このガンマ分布の上にさらに別の分布を想定する方法もありますけど、いまはそこまでする必要はないと思います。で、ガンマ分布のパラメータですけど、いくつか考えがあると思います。無情報事前分布を想定するのであれば、例えばこんなガンマ分布を使えるかもしれません」

13 階層と予測 159

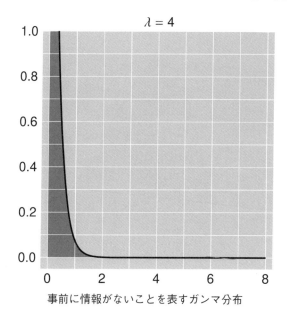

事前に情報がないことを表すガンマ分布

「これはまた変なグラフだな……」

「X軸の1未満のところでY軸の数値は高くなっていますけど、1以上の範囲はどんどん小さくなっています。まあ、だいたい平べったくも見えますね。つまりX軸が1以上でのY軸の数値はどれも小さいです。これで、『を、』の頻度を決めているポアソン分布のパラメータ、つまりλはどんな値でもありうるということを表しています」

「ほぼ情報がないということですね、乱子さん」

「ただ、あたしたちは別のガンマ分布を選んでみましょう。例えば、こんなの」

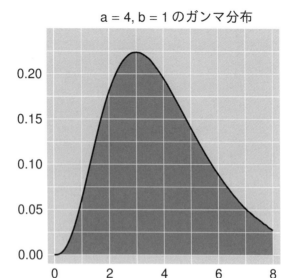

乱子提案の事前分布：平均出現個数は 2, 3 個程度

「えーと、横軸が 3 のあたりで縦軸が最大になるということでしょうか」

「そうです。『を、』の頻度の平均値は 3 ぐらいだけど 5 とか 6 あたりである可能性も否定できない分布を表したつもりです。4 人の論文に出現する『を、』の頻度から、こんな事前分布で表現できるのじゃないかなと思ったのです。」

「事前分布というのは自由に設定できるのでしょうか？」

「事前分布をまったく自分勝手に選んでしまうと、そこから導かれる事後分布を他の人が納得しなくなってしまう可能性はあります。でも、データに適切だと思える事前分布が考えられるのであれば、それを積極的に採用するのはありだと思います。確信がなければ、無情報事前分布を選ぶのが無難かと思います。他の方法として過去のデータからパラメータと思われる数値を指定する方法もあり

ます。前にお話した最尤推定とかでパラメータを決める方法で**経験ベイズ**っていいます」

「ここは乱子ちゃんに頼るしかないけど、結局、どうするの？やけに難しそうっすけど」

「コンピューターでシミュレーションしてしまいましょう」

「私にはとてもできそうにありません」

「紙と鉛筆で計算するよりは簡単です。実行してみて、その結果からグラフを作成するとこういうふうになります」

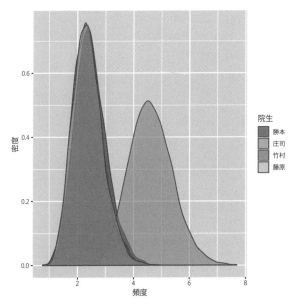

それぞれの山は院生の論文での「を、」の頻度の分布を表現

「なんか重なり合ってほとんど判別不可能な3つの山と1つだけ他の3つとはかけ離れた山がありますが、これがそれぞれの論文での『を、』の個数を表現しているんでしょうか？」

「『を、』の個数を表現するポアソン分布のパラメータの大きさを

表しているんです。まあ『を、』の個数に相当すると考えていいと思います。つまり4つの山のそれぞれで、Y軸の高さがピークになっているあたりが、その人が『を、』を使う典型的な回数だと考えられます」

「右端の山の位置が、他3つとはかなりずれているのはわかるけど、これはなんすか？」

「このグラフでそれぞれの山は、研究室の院生ごとに論文で『を、』が使われる頻度を表しています。左の3つの山はほぼ重なっていますので、『を、』の頻度にほぼ差がないことがわかります。そして右端の山は、この人の論文でだけ『を、』の頻度が高いことを意味しています」

「それって庄司さんですか？」

「そうです。ポアソン分布の平均値がありそうな範囲も出してみましょうか？」

『を』の頻度の信用区間

執筆者	5%	50%	95%	平均
勝本	1.53	2.46	3.72	2.51
藤原	1.40	2.32	3.57	2.36
竹村	1.43	2.35	3.56	2.38
庄司	3.25	4.59	6.26	4.63

「これはどう見るんすか？」

「『を、』を表現するポアソン分布のパラメータ……ってややっこしいですね。話を簡単にしてしまうと、『を、』の頻度のありそうな範囲に対応しているんです。たとえば、勝本さんであればポアソン分布のパラメータの範囲は1.5から3.7がありそうってことです。庄司さんの場合、ありそうな範囲はだいたい3から6の間です」

「違うんすね」

「そうですね。実はこの区間は 95％信用区間というんですが、山が重なっている人たちは『を、』の使い方にほぼ差がないと考えていいのだと思います。ところが、右端の山はほとんど重なっていません。だから、右端の分布で表現されている『を、』の使い方には違いがあるのだと推定できます」

「難しいですね」

「ううむ、というか、この結果を出すのに使ったそのシミュレーションというのがちょっと気になる。説明してもらっても理解できない気がするけど、なんかイメージ的なものをいってくれないかなぁ」

「そうですね。例えば、前に 2 つ山がある事前分布から事後分布を導き出しましたよね」

「ああ、これね」

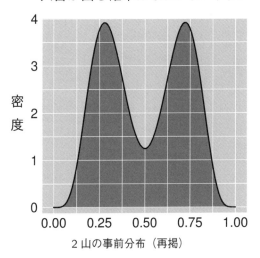

「この場合の事後分布の式はこうなります」

$$p(\theta \mid x) = \frac{p(\theta)p(x \mid \theta)}{p(x)}$$
$$= \frac{\alpha p_1(\theta)p(x \mid \theta) + \beta p_2(\theta)p(x \mid \theta)}{\alpha \int p_1(\theta)p(x \mid \theta)\,d\theta + \beta \int p_2(\theta)p(x \mid \theta)\,d\theta}$$

「うぇ〜」

「いや、僕らにはそんなものとても計算できないですよ」

「これ、実は見た目ほど複雑じゃないのですけど、いま注目してほしいのは、この分母です」

「この積分記号のある方のことかな？」

「えーと、乱子さん、ここで積分ってなんのためにあるのでしたっけ……」

「全体の確率を出すためです。事後分布って本質はこんな感じです」

$$事後分布 = \frac{モデルとデータのある特定の状況}{モデルとデータでの状況全体}$$

「分母は全体を表しているってことなんですね」

「分母が計算できないと、分子の占める割合が計算できないってことか。お手上げじゃん。どうするの？」

「要は割合がほしいのだから、分子と分母をいずれも単純な個数にしてしまうんです」

「は？　個数？」

「分布って、あるパラメータを条件として得られるデータの一覧表っていいましたよね」

「そうだっけ」

「事後分布の分母は一覧表で、分子はその一覧表の一部の項目です。分母も分子も個数ならば、割合が簡単に計算できます」

「でも一覧表ってどうやって作るの？」

「分子の式の方は実は比較的単純なんです。だから、分子について、条件を変えて何度も計算するんです。そしたら、たくさんの計算結果が得られますけど、それを全部記録していくんです。それが一覧表になります」
　「といわれても私たちには想像も付きません」
　「その一覧表のなかの特定の要素の個数を調べれば、全体での割合が求まります」
　「そんなに単純でいいの？」
　「もっというと、実際に分子の式をそのまま計算しなくてもすみます。分子の式を計算すると出てきそうな数値をランダムに出すんです。乱数といいます」
　「乱数って、乱子ちゃんの『乱』のこと？」
　「そうです」
　「ううむ、まだよく飲み込めんなぁ」
　「じゃあ、サイコロを振って1の目が出る割合ってわかりますか？」
　「6分の1だよね」
　「ええ、じゃあ、サイコロに似て6つの面があるけど、形がかなりいびつなサイコロもどきの写真があって、仮にこのサイコロを振るとして1が出る確率はどう考えればいいでしょうか？」

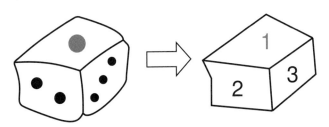

オリジナルのいびつなサイコロに似ているけど、もう少し扱いやすいサイコロを考える

「むむっ」

「1つの方法が、写真からこのサイコロに似たサイコロを作ってしまって、例えば1万回ぐらい実際に振るんです。で、1が出た回数を1万で割れば、1が出る確率の近似値が求まります」

「な、なるほど。写真からサイコロを作るってのは難しそうな気もするけど」

「似たサイコロを作る方法を数学的に工夫するんです。さらにサイコロを振るというのをコンピュータに実行させるのは簡単そうに思えるかもしれませんが、これを数万回、数十万回繰り返すのはさすがに負荷が高いんです。そこで、これをもっと効率的に行う方法も考えられています。

いろいろいいましたけど、乱数で積分を回避する方法がマルコフ連鎖モンテカルロ法というシミュレーションです。MCMCと書かれることもあります。もっともマルコフ連鎖モンテカルロ法というのは通称で、具体的に乱数を出す方法は複数あるようです。まあ、一口にコーヒーをいれるといっても、ペーパードリップだったりサイフォンだったり、あるいはもうインスタントだったりと、いろいろ種類があるようなものです」

「なんか統計の人ってすごいこと考えるんだね」

「マルコフ連鎖っていうのは物理学の方から出てきた発想らしいんですけどね。

あたしが、いま『を、』の出現回数を表すポアソン分布のパラメータを予想したのも、この方法なんです。とりあえず、この嫌がらせメールの話に戻すと、庄司さんであれば2400文字中に表れる『を、』の回数に対応するパラメータは95%の確率でだいたい3から6の範囲ってことがわかります」

「これで庄司さんが犯人だという確証が得られたわけだな」

「そう考えたくなりますが、もう少し進めて予測分布を求めてみ

13 階層と予測

ましょうか？」

「予測分布？　なんすか、それ？」

「4人が次に論文を書いたときの『を、』の頻度を予想するんです」

「そんなことができるのでしょうか？」

「いま、4人それぞれの論文における『を、』の頻度にポアソン分布をあてはめて、事後分布 $p(\lambda_i\,|\,x)$ を導き出しましたよね。これを使って次に予想される『を、』の頻度を予測します。つまり、4人それぞれが次に論文を書いた場合に『を、』が何回ぐらい使われているかを予想するんです。式でいうと、こうです。これを**事後予測分布**といいます」

$$p(\tilde{y}_i\,|\,x) = \int p(\tilde{y}_i\,|\,\lambda_i) p(\lambda_i\,|\,x)\,d\lambda_i$$

「またまた、変な記号が出てきたけど、なんすか、これ？」

「y の上に乗っているやつのことですね？　チルダです。$\tilde{y}_i$ はある人 i が次に論文を書いたときの『を、』の頻度の予測値です。チルダは統計で予測値などを表すのに使われます」

「えーと、乱子さん、この式の右辺の途中にある $p(\lambda_i\,|\,x)$ は事後分布ってことですよね」

「そうです。で、その前の $p(\tilde{y}_i\,|\,\lambda_i)$ は、$p(\lambda_i\,|\,x)$ を確率分布とした場合に出る値。これが予測値 $\tilde{y}_i$ です」

「で、右辺全体が積分になっているんですね……」

「左辺の $p(\tilde{y}_i\,|\,x)$ を求めるには θ_i で積分する必要があるのだけど、これもやっぱりシミュレーションで予測される値を作り出しちゃう。といっても、これもソフトウェアで実行するだけなのですけど」

「それも、とても難しそうですね。私にはお手上げです」

「いえ、原理は簡単です。まず、おさらいすると『を、』が出現す

る回数はポアソン分布にしたがうと仮定しました。ポアソン分布には平均 λ があって、これが『を、』が出現する回数の平均に対応します。ただし、実際に『を、』が出現する回数はばらつきます。問題はこの λ の値ですが、これは別の分布によって決まると考えていました。ガンマ分布です。シミュレーションでは、ガンマ分布から λ のありそうな値を乱数としてたくさん出現させました」

「ひたすら、ややっこしいっす」

「で、予測分布ではこのたくさんの λ を使うんです。それぞれの λ を平均値とするポアソン分布から 1 個数値を取り出します。これは『を、』の出現回数の候補にあたります。この出現回数の候補が λ と同じだけ揃いますから、これらの平均値とかを調べれば『を、』の出現回数の予測値に相当するわけです」

「驚いたね。コンピュータってすごいんだな……」

「4 人それぞれについて予測分布から『を、』が出現する回数を予測するだけでなく、その回数が 5 以上になる確率を推定してみます。こうなります」

執筆者ごとの予測頻度

執筆者	予想頻度
勝本	0.12
藤原	0.10
竹村	0.09
庄司	0.49

「もとのデータが少ないんで、結果も微妙なんですけど。予測分布を見ると 3 人については次の論文で『を、』の頻度が 5 を超える可能性は 10% くらいです。これに対して庄司さんの場合は 5 割近くになると予想できそうです」

「要するに、庄司さんが限りなく疑わしいということになるのか」

「4人の院生のいずれかが犯人であるのが確実ならば、庄司さんがメールを送ってきた人だと考えたくなりますね……」
「庄司さんなんですか……」
「確かに疑わしそうだけど、これをそのまま突き付けても自分が書いたメールだと認めるかどうかは微妙だなぁ」
「私としましては、こんな狭い研究室で人間関係をこじらせたくはありません。かといってこれ以上こういう嫌がらせメールを受け取ることは耐えられません。庄司さんがこんな嫌がらせをやめさえしてくれたらそれでいいのです」
「え、それだけでいいの？　なら、俺に任せてよ」
「え？　どうするの？」
「まあね……」
　熊田はそういうと意味深な顔をして黙ってしまったので、3人はそろって顔を見合わせた。

14　後日談

「それでその後、嫌がらせメールの件はどうなったの？」
「乱子さん、それが僕の手に負えない展開になっちゃってるんです。また別の意味で、乱子さんのお力添えが必要かと……」
「なによ、もったいぶらずにさっさといいなさいよ」
「ちょっと、これ見てくださいよ、庄司さんの写真です」
「えっ、なに？　このナスターシャ・キンスキーのような美人は？　これが庄司さん？」
「あの、ナスターシャ・キンスキーって？」
「あ、気にしなくていいから。若い頃、お父さんが夢中だったハリウッド女優。あの人、やたらとナスターシャ・キンスキーっていうのを美人の枕詞のようにして使うものだから、あたしまでつい。ってか、いろんな写真があるけど、これってなんかストーカーっぽい匂いがするんだけど。一体誰が撮ったの？」
「熊田……」
「は？」
「熊田です。実は熊田の本命は庄司さんだったんです」
「はあああああ？」
「庄司さんのフルネームは庄司百合子っていうんですけど。あいつ美しい百合子さんに一目惚れして、それで身の程もわきまえずに、手紙を書いたりコンサートに誘ったり、いろいろあの手この手でアプローチを試みみたいなんですけど、一貫して冷たくあしら

われて……。でも諦めきれずに、写真からもわかるように、彼女の後を追っかけてストーカーまがいのことまでしていたこともあるらしいんです。いろいろ口実をこさえては彼女のいる心理学研究室にも足しげく通った……。で心理学研究室には真央さんもいるわけですよね。つれない百合子さんと違って真央さんは、いつもニコニコして愛想よく親切にしてくれた。気さくに接してくれる真央さんから研究室の情報をいろいろ集めたりしていたんですが、それはすべて百合子さんとお近づきになれるよう、なんとかきっかけをつかまんがための悪あがきにすぎなかったんですが……」

「だけど、気安く接してくれる真央さんとおしゃべりをしているうちにだんだんと仲良くなって、一緒にごはんを食べに行ったりして、自然と付き合うようになったっていうんでしょ、どうせ？」

「え？　なんでそんなことがわかるんですか。乱子さん、千里眼なんですか？」

「ボケか、お前は！　で、嫌がらせメールは一体どういうことだったの？」

「熊田はあのあと、意を決して嫌がらせメールをやめてもらうように百合子さんのところに直談判に行ったんです。まず自分が真央さんとお付き合いをしていること、付き合い始めるようになった経緯、彼女がいま嫌がらせメールで苦しんでいること、そのメールの送り主を調べたらどうやら百合子さんらしいと判明したことなど、順を追って説明したらしいです」

「それで百合子さんは自分が犯人だって認めたの？」

「はい、熊田が真央さんと付き合い始めていたことは彼女も知っていたそうです。そしてそれを辛いと受け止めたというんです」

「え、なに、その展開！　ちょっとヤバすぎっ！！」

「百合子さんはこれまでに異性と付き合ったことが一度もなくて、断っても無視しても、懲りずに執拗に彼女にいい寄ってきたのは熊

田が初めてだというのです。百合子さんとしてはどう対応してよいかわからず人知れず悩んでいたのですが、まだ学生でもあるので、まずは本分である学業を優先し、無事に就職することが先決だと考えることにしたんだそうです。しかし、熊田が真央さんと付き合い始めたことはまったく想定外だったみたいで……。2人が付き合い始めたこと自体も驚きだったが、そのことに精神的ショックを受けている自分自身になにより驚いたとか……。真央さんってとても社交的で誰とでもすぐ打ち解けて仲良くできるんですよね。そうした社交性を羨ましく思っていたこともあるそうなんですけど、なんだか熊田を横取りされたような心持ちになってしまったのだそうです」

「で、あんな嫌がらせメールを?」

「はい、そういうことみたいですね。で、今度は熊田の奴が大変でして。真央さん、研究室の男ども、院生の2人や教授やなんかとも結構懇意にしているそうで、それぞれ2人きりで飲みに行ったりすることもあるみたいなんですよね。そういえば夜連絡が取れないことがわりと頻繁にあるとか、なんか疑心暗鬼に陥っちゃってるみたいで。それに初めて憧れの百合子さんと、カフェでですけど、一緒にまともにお話する機会がもてたりしたわけですよ。あの野郎、もう美しい百合子さんにメロメロで。いっそのこと……」

「ちょっと、待った、文太! それ以上しゃべると舌を引っこ抜くよ! いい? あたしたちは真央さんからパティスリ・シェ・フランソワーズの繊細にして優美な至高のケーキをごちそうになったんだよ。その真央さんを万が一でも裏切るようなことがあったら、あんたとはもう絶交だからね! クビよ、クビ! 店の出入り禁止!!!」

「ちょ、ちょっと待ってくださいよ、乱子さん! そんな理不尽な! これは熊田の話であって、僕とは全然なんの関係もないじゃ

ありませんか？」
「大ありよ。類は友を呼ぶっていうでしょ？　あんたのような軽率なお調子者、顔も見たくないっ！　さっさと出てって！」
「そ、そんな、乱子さん！」
「まじでうざいんだけど。あんたが出ていかないなら、あたしが出ていく！」
　スタッフルームのテーブルから学生かばんをひっつかむと、セーラー服姿の乱子はそのまま店の勝手口から外へ飛び出していった。文太もすぐさま乱子を追って店の外に出た。
「乱子さん、そんな殺生なこといわないで、熊田の恋愛相談にのってやってくださいよ〜！　今度こそ本当に帝国ホテルのスィーツ・ビュッフェにご招待しますから〜！」
　すがるようにして乱子の後を追いかける文太の姿を店の防犯カメラが捉え、店主がたまたま見入っていたモニター上にその情けない姿がまざまざと映し出されたのであった。

おわり

あとがき

　弁当屋シリーズは第1巻『データ分析のはじめかた』が2013年に出版されました。その時は続巻のことまでは考えていませんでしたが、2014年の第2巻『因子分析大作戦』を経て、ここに第3巻目を上梓することができました。読者の皆様、そして共立出版社の社長さん、編集諸氏、営業の皆さんに、まずは御礼を申し上げます。

　さて、第3巻では、巷ではやっているベイズ統計がテーマです。ベイズ流の統計分析というのは、一昔前まではマイナーな手法だったはずですが、人工知能がブームのいま、むしろベイズこそが主流であるかのような印象を受けます。ベイズ流がそれまでの統計分析とどう違うかは難しい話ですが、しかしベイズ統計が注目されることで、ユーザーの分析に対する姿勢は変わったように思えます。極論すると、伝統的な統計解析でユーザーにとって重要なのは、データそのものではなく、分析手法（検定）と有意差でした。これに対してベイズ流では、そもそもデータがどのような仕組みで発生したのかを強く意識する必要があります。この仕組みのことをモデルなどと呼びます。ベイズでは、有意差の有無よりも、仮定したモデルが適切かどうか、そしてこのモデルが使えるかがユーザーの関心になるともいえます。

　本書では、ベイズ流の考え方や方法の概要を紹介しようと努めました。例によって、直感的な説明に心がけ、数式はできるだけ避け

ようと試みました。が、そうはいってもテーマの性質上、数式を完全に排除はできませんでした。例えば、ベイズ統計ではどうしても積分が出てきます。しかし、読者の中には「積分なんか忘れた」という方もいるでしょう。そこで、高校で習う積分の公式についても説明を加えています。では、ベイズでは、いつも積分を解く必要があるかと問われれば、実はそんなことはありません。統計ソフトにデータを指定すれば済みます。

例えば、R というフリーの統計ソフトウェアが強力な助っ人となってくれます。R でのベイズ解析については、参考文献にあげた『R で学ぶベイズ統計学』(丸善出版) や『Stan と R でベイズ統計モデリング』(共立出版) がお勧めです。なお、後者の著者の松浦健太郎さんには、本書の構想段階でいくつものアドバイスをいただきました。うまく活かすことができたかどうか心許ないですが、ここに記してお礼を申し上げます。

本書がベイズ統計モデリングへの窓口となれば幸いです。

2019 年 1 月

石田基広・石田和枝

参考文献

ベイズあるいは統計入門のために

奥村晴彦・瓜生真也・牧山幸史 著（石田基広 監修）、『R で楽しむベイズ統計入門［しくみから理解するベイズ推定の基礎］』、技術評論社、2018

John K. Kruschke 著（前田和寛・小杉考司 監訳）、『ベイズ統計モデリング：R, JAGS, Stan によるチュートリアル』（原著第 2 版）、共立出版、2017

M. D. リー・E.-J. ワーゲンメイカーズ 著（井関龍太 訳）、『ベイズ統計で実践モデリング：認知モデルのトレーニング』、北大路書房、2017

石田基広 著、『R によるテキストマイニング入門』、森北出版、2017

松浦健太郎 著（石田基広 監修）、『Stan と R でベイズ統計モデリング』（Wonderful R 2）、共立出版、2016

藤田一弥 著、『見えないものをさぐる―それがベイズ：ツールによる実践ベイズ統計』、オーム社、2015

石田基広 著、『新米探偵、データ分析に挑む』、ソフトバンククリエイティブ、2015

石田基広 著、『とある弁当屋の統計技師(データサイエンティスト) 2―因子分析大作戦』、共立出版、2014

石田基広 著、『とある弁当屋の統計技師(データサイエンティスト)―データ分析のはじめかた』、共立出版、2013

シャロン・バーチュ・マグレイン 著（冨永 星 訳）、『異端の統計学ベイズ』草思社、2013

久保拓弥 著、『データ解析のための統計モデリング入門―一般化線形モデル・階層ベイズモデル・MCMC』（確率と情報の科学）、岩波書店、

2012

J. アルバート 著（石田基広・石田和枝 訳）、『R で学ぶベイズ統計学入門』、丸善、2012

涌井良幸・涌井貞美 著、『史上最強図解 これならわかる！ベイズ統計学』、ナツメ社、2012

涌井良幸 著、『道具としてのベイズ統計』、日本実業出版社、2009

中妻照雄 著、『入門ベイズ統計学』（ファイナンス・ライブラリー 10）、朝倉書店、2007

金明哲 著、『テキストデータの統計科学入門』、岩波書店、2009

Peter M. Lee, *Bayesian Statistics: An Introduction* (4th Ed.), Wiley, 2012

Peter D. Hoff, *A First Course in Bayesian Statistical Methods* (Springer Texts in Statistics), Springer, 2009

村上征勝 著、『真贋の科学―計量文献学入門』、朝倉書店、1994

索　引

【ア行】

一様分布　120
Excel 方眼紙　15

【カ行】

学振　3
確率分布　97
確率モデル　77, 78
ガンマ分布　152
擬似相関　7
帰無仮説　148
逆確率　36, 48
共役事前分布　127
組合せ　99

【サ行】

最尤推定　105
最尤法　109
事後確率　62
指数分布　155
事前確率　60
事前分布　101
条件付き確率　41, 80
乗法定理　42

信用区間　163
正規分布　122, 136
積分　113
相関　6

【タ行】

対立仮説　148
トーマス・ベイズ　32
独立　43

【ナ行】

二項分布　99

【ハ行】

パラメータ　123
標準偏差　138
標本　10
分散　137
分散分析　146
分布　97
ベイズ更新　54
ベイズの公式　48
ベルヌーイ分布　96
ポアソン分布　149
母集団　10

ポスドク　70

【マ行】

マルコフ連鎖モンテカルロ法
　　166
密度　102
無情報事前分布　103

モデル化　77

【ヤ行】

有意　146
尤度　105
予測分布　166

memo

memo

石田 基広（いしだ　もとひろ）● 著

現　在　徳島大学大学院社会産業理工学研究部　教授
著　書　『Rで学ぶデータ・プログラミング入門―RStudioを活用する―』
　　　　（共立出版，2012）
　　　　『とある弁当屋の統計技師（データサイエンティスト）―データ分析のはじめかた』
　　　　（共立出版，2013）
　　　　『とある弁当屋の統計技師（データサイエンティスト）2―因子分析大作戦』
　　　　（共立出版，2014）ほか

石田 和枝（いしだ　かずえ）● 著

現　在　徳島大学教養教育院　講師
著　書　『Rで学ぶベイズ統計学入門』（共訳，丸善出版，2012）ほか

風乃 ● イラスト

「風の欠片」kazenokakera.tumblr.com
twitter.com/kazeno_

| 女子高生乱子によるベイズ統計学入門講座 |
| ―とある弁当屋の統計技師（データサイエンティスト）3 |
| *The Introductory Bayesian Statistics Course by High School Girl Ranko* |
| ―*The Data Scientist of a Certain Bento Shop 3* |

著者	石田基広・石田和枝　ⓒ 2019
	2019年2月28日　初版1刷発行
発行	共立出版株式会社／南條光章
	東京都文京区小日向4丁目6番19号
	電話　(03) 3947-2511（代表）
	郵便番号 112-0006
	振替口座 00110-2-57035番
	www.kyoritsu-pub.co.jp
	検印廃止
	NDC417
印刷	大日本法令印刷
製本	協栄製本
ISBN978-4-320-11345-9	Printed in Japan

一般社団法人
自然科学書協会
会員

Wonderful R 石田基広監修

市川太祐・高橋康介・高柳慎一・福島真太朗・松浦健太郎編集

本シリーズではR/RStudioの諸機能を活用することで，データの取得から前処理，そしてグラフィックス作成の手間が格段に改善されることを具体例にもとづき紹介する。データ分析およびR/RStudioの魅力を伝えるシリーズである。　【各巻：B5判・並製本・税別本体価格】

❶ Rで楽しむ統計

奥村晴彦著　R言語を使って楽しみながら統計学の要点を学習できる一冊。

【目次】Rで遊ぶ／統計の基礎／2項分布，検定，信頼区間／事件の起こる確率／分割表の解析／連続量の扱い方／相関／他‥‥‥204頁・**本体2,500円＋税**・ISBN978-4-320-11241-4

❷ StanとRでベイズ統計モデリング

松浦健太郎著　現実のデータ解析を念頭に置いたStanとRによるベイズ統計実践書。

【目次】導入編(統計モデリングとStanの概要他)／Stan入門編(基本的な回帰とモデルのチェック他)／発展編(階層モデル他)‥‥‥280頁・**本体3,000円＋税**・ISBN978-4-320-11242-1

❸ 再現可能性のすゝめ
―RStudioによるデータ解析とレポート作成―

高橋康介著　再現可能なデータ解析とレポート作成のプロセスを解説。

【目次】再現可能性のすゝめ／RStudio入門／RStudioによる再現可能なデータ解析／Rマークダウンによる表現の技術／他‥‥‥‥184頁・**本体2,500円＋税**・ISBN978-4-320-11243-8

❹ 自然科学研究のためのR入門
―再現可能なレポート執筆実践―

江口哲史著　RStudioやRMarkdownを用いて再現可能な形で書くための実践的な一冊。

【目次】基本的な統計モデリング／発展的な統計モデリング／実験計画法と分散分析／機械学習／実践レポート作成／他‥‥‥‥‥240頁・**本体2,700円＋税**・ISBN978-4-320-11244-5

━━━━━━━━━━━━━━ ✦ 続刊テーマ ✦ ━━━━━━━━━━━━━━

データ生成メカニズムの実践ベイズ統計モデリング‥‥‥‥‥‥‥‥‥‥‥‥‥	坂本次郎著
Rによるデータ解析のための前処理‥‥‥‥‥‥‥‥‥‥‥‥‥‥‥‥‥‥‥‥	瓜生真也著
Rによる言語データ分析‥‥‥‥‥‥‥‥‥‥‥‥‥‥‥‥‥‥‥‥‥‥‥‥‥	天野禎章著
データ分析者のためのRによるWebアプリケーション‥‥‥‥‥‥‥‥	牧山幸史・越水直人著
リアルタイムアナリティクス‥‥‥‥‥‥‥‥‥‥‥‥‥‥‥‥‥‥‥‥‥‥‥	安部晃生著

(書名，執筆者は変更される場合がございます)

https://www.kyoritsu-pub.co.jp/　　**共立出版**　(価格は変更される場合がございます)

統計学 One Point

鎌倉稔成（委員長）・江口真透・大草孝介・酒折文武・瀬尾 隆・椿 広計
西井龍映・松田安昌・森 裕一・宿久 洋・渡辺美智子［編集委員］

統計学で注目すべき概念や手法，つまずきやすいポイントを取り上げて，第一線で活躍している経験豊かな著者が明快に解説するシリーズ。統計学を学ぶ学生の理解を助け，統計的分析を行う研究者や現役のデータサイエンティストの実践にも役立つ，統計学に携わるすべての人へ送る解説書。

各巻：A5判・並製
税別本体価格

❶ゲノムデータ解析
冨田 誠・植木 優夫著

目次：ゲノムデータ解析（ゲノムデータ解析の流れ他）／ハプロタイプ解析（ハプロタイプの推定他）／遺伝疫学手法／他

116頁・2200円・ISBN978-4-320-11252-0

❷カルマンフィルタ
Rを使った時系列予測と状態空間モデル
野村俊一著

目次：確率分布と時系列に関する準備事項／ローカルレベルモデル／他

166頁・2200円・ISBN978-4-320-11253-7

❸最小二乗法・交互最小二乗法
森 裕一・黒田正博・足立浩平著

目次：最小二乗法（統計手法への利用他）／交互最小二乗法（交互最小二乗法の代表例他）／関連する研究と計算環境／他

120頁・2200円・ISBN978-4-320-11254-4

❹時系列解析
柴田里程著

目次：時系列（スペクトル表現他）／弱定常時系列の分解と予測／時系列モデル／多変量時系列（多変量時系列の性質他）／他

134頁・2200円・ISBN978-4-320-11255-1

❺欠測データ処理
Rによる単一代入法と多重代入法
高橋将宜・渡辺美智子著

目次：Rによるデータ解析／不完全データの統計解析／単一代入法／他

208頁・2200円・ISBN978-4-320-11256-8

❻スパース推定法による統計モデリング
川野秀一・松井秀俊・廣瀬 慧著

目次：線形回帰モデルとlasso／lasso正則化項の拡張／構造的スパース正則化／他

168頁・2200円・ISBN978-4-320-11257-5

❼暗号と乱数 乱数の統計的検定
藤井光昭著

目次：2進法の世界における確率法則／乱数を用いての暗号化送信における統計的問題／暗号化送信に用いる乱数の統計的検定／他

116頁・2200円・ISBN978-4-320-11258-2

❽ファジィ時系列解析
渡辺則生著

目次：ファジィ理論と統計／ファジィ集合／ファジィシステム／時系列モデル／非線形時系列モデル／ファジィ時系列モデル／他

112頁・2200円・ISBN978-4-320-11259-9

❾計算代数統計
グレブナー基底と実験計画法
青木 敏著

目次：グレブナー基底入門／グレブナー基底と実験計画法／他

180頁・2200円・ISBN978-4-320-11260-5

❿テキストアナリティクス
金 明哲著

目次：テキストアナリティクス／テキストアナリシスのための前処理／テキストデータの視覚化／テキストの特徴分析／他

224頁・2300円・ISBN978-4-320-11261-2

---

https://www.kyoritsu-pub.co.jp/　　共立出版　　（価格は変更される場合がございます）

とある弁当屋の統計技師 データサイエンティスト

石田基広 著

本書は、とある街の弁当屋「正規屋」を舞台に、主人公の新米データサイエンティスト・二項文太と店の看板娘である正規乱子が活躍する物語を通して、統計の基礎知識とデータ分析の手法について懇切丁寧にわかりやすく解き明かすユニークな入門書です。通勤通学の電車の中でも通読できるよう、できるだけ単純化した説明を試みています。机の上で本書の内容をじっくり復習したいという読者には、本書専用の『サポートサイト』を用意しています。本書で掲載しているデータの数値計算やグラフ作成には「統計解析ソフトウェアR」を利用しています。本書に登場する統計量やグラフをRで確認できるソフトウェア（パッケージ）もサポートサイトで公開しています。

新米データサイエンティストの奮闘物語から統計の初歩の初歩を学べ！

データ分析のはじめかた

第1弾の本書では、統計の基本概念、方法論、その応用についてわかりやすく丁寧に解説します。データサイエンティストの二項文太と、その顧客であるお弁当屋さんの看板娘・正規乱子が、お店の売上向上を目指して奮闘するという物語の筋立てで、データ分析の目的や方法をイメージしやすく説明しています。

【目次】 序：カッコいいデータサイエンティスト／データの要約／データ分析の王道？／相関と回帰／重回帰分析／データサイエンティストの星／ロジスティック／あとがき／他

■四六判・並製ソフトカバー・224頁・定価(本体1,300円＋税)■

データの背後には何が潜んでいる？
探る手法とその意図を物語風に解説！

❷ 因子分析大作戦

第2弾の本書では「データ分析の代表的な手法」を解説します。お弁当屋の乱子が通学する高校の生徒たちが，因子分析を利用してクラスの成績を向上させ，新年度に新校舎へ引越しできる権利を獲得しようと画策します。この計画を成功に導くため高校生たちは，二項文太から「因子分析」、「主成分分析」、「t検定」、「分散分析」について説明を受け知識を深めていくという筋立てです。

【目次】 新校舎と引越し／因子分析／統計モデル／因子分析大作戦／学期末試験／試験結果／引越しクラス発表／統計用語メモ他

■四六判・並製ソフトカバー・216頁・定価(本体1,300円＋税)■

共立出版

公式facebook https://www.facebook.com/kyoritsu-pub
https://www.kyoritsu-pub.co.jp/ （価格は変更される場合がございます）